上海市工程建设规范

# 卫星定位测量技术标准

Technical standard for surveying using satellite positioning system

DG/TJ 08—2121—2024

J 12362—2024

主编单位：上海市测绘院
　　　　　上海市城市建设设计研究总院（集团）有限公司
　　　　　上海达华测绘科技有限公司
批准部门：上海市住房和城乡建设管理委员会
施行日期：2025 年 2 月 1 日

U0321666

同济大学出版社

2024　上海

**图书在版编目(CIP)数据**

卫星定位测量技术标准／上海市测绘院，上海市城
市建设设计研究总院(集团)有限公司，上海达华测绘科
技有限公司主编. -- 上海：同济大学出版社，2024.
12. -- ISBN 978-7-5765-1092-8

Ⅰ. P228.1-65

中国国家版本馆 CIP 数据核字第 20240ZF661 号

## 卫星定位测量技术标准

上海市测绘院
上海市城市建设设计研究总院(集团)有限公司　**主编**
上海达华测绘科技有限公司

责任编辑　朱　勇　陆克丽霞
责任校对　徐春莲
封面设计　陈益平

出版发行　同济大学出版社　　www. tongjipress. com. cn
　　　　　(地址：上海市四平路 1239 号　邮编：200092　电话：021-65985622)
经　　销　全国各地新华书店
印　　刷　浦江求真印务有限公司
开　　本　889mm×1194mm　1/32
印　　张　3.375
字　　数　85 000
版　　次　2024 年 12 月第 1 版
印　　次　2024 年 12 月第 1 次印刷
书　　号　ISBN 978-7-5765-1092-8
定　　价　40.00 元

# 上海市住房和城乡建设管理委员会文件

沪建标定〔2024〕425 号

## 上海市住房和城乡建设管理委员会关于批准 《卫星定位测量技术标准》为上海市 工程建设规范的通知

各有关单位：

由上海市测绘院、上海市城市建设设计研究总院(集团)有限公司、上海达华测绘科技有限公司主编的《卫星定位测量技术标准》，经我委审核，现批准为上海市工程建设规范，统一编号为DG/TJ 08—2121—2024，自 2025 年 2 月 1 日起实施。原《卫星定位测量技术规范》(DG/TJ 08—2121—2013)同时废止。

本标准由上海市住房和城乡建设管理委员会负责管理，上海市测绘院负责解释。

特此通知。

上海市住房和城乡建设管理委员会

2024 年 8 月 13 日

# 前　言

根据上海市住房和城乡建设管理委员会《关于印发〈2022 上海市工程建设规范、建筑标准设计编制计划〉的通知》(沪建标定〔2021〕829 号)的要求,上海市测绘院、上海市城市建设设计研究总院(集团)有限公司和上海达华测绘科技有限公司等单位联合组成编制组,通过调查研究,总结卫星定位测量实践经验,参考有关国内标准,结合上海市实际情况,在广泛征求意见的基础上,对《卫星定位测量技术规范》DG/TJ 08—2121—2013 进行修编。

本标准的主要内容有:总则;术语、符号和缩略语;基本规定;连续运行基准站系统建设及维护;静态测量;动态测量;成果转换。

本次增加和修订的主要内容有:

第 1 章:对总则进行更新和完善;第 2 章:对术语、符号、缩略语进行新增、更新和完善;第 3 章:新增上海 2000 坐标系的相关内容并对其余内容进行更新和完善;新增第 4 章连续运行基准站系统建设及维护的相关内容;第 5 章:对静态测量涉及的内容进行更新和完善;第 6 章:新增 SBAS、PPK 动态测量的相关要求并对动态测量相关内容进行更新和完善;第 7 章:对成果转换的相关内容进行更新和完善;附录:新增相关的参数和记录表。

各单位及相关人员在执行本标准过程中,如有意见和建议,请反馈至上海市规划和自然资源局(地址:上海市北京西路 99 号;邮编:200003;E-mail:guihuaziyuanfagui@126. com),上海市测绘院(地址:上海市武宁路 419 号;邮编:200063;E-mail:zgssh@shsmi. cn),上海市建筑建材业市场管理总站(地址:上海市小木桥路 683 号;邮编:200032;E-mail:shgcbz@163. com),以供今后修订时参考。

主 编 单 位：上海市测绘院

上海市城市建设设计研究总院(集团)有限公司

上海达华测绘科技有限公司

参 编 单 位：同济大学

上海勘察设计研究院(集团)股份有限公司

上海市测绘产品质量监督检验站

上海市政工程设计研究总院(集团)有限公司

主要起草人：赵　峰　陈　浩　杨欢庆　万　军　康　明

郭功举　李浩军　罗永权　王传江　刘　宏

郭春生　张鸿飞　王令文　黄　凯　余祖锋

李宗勋　刘晓露　张兴强　邬逢时　张　潮

主要审查人：陈俊平　熊福文　孙仕林　王章朋　邓　斌

余美义　丁　美

上海市建筑建材业市场管理总站

# 目 次

# Contents

# 1 总　则

**1.0.1** 为统一卫星定位测量的工作原则及技术要求,推进卫星定位测量技术应用与成果共享,保障城市建设管理工作的正确实施,制定本标准。

**1.0.2** 本标准适用于在上海市利用卫星定位技术开展的大地测量、摄影测量与遥感、地图编制、工程测量、海洋测绘等领域的测量。

**1.0.3** 本标准以中误差作为衡量各等级卫星定位测量精度的标准,并以两倍中误差作为测量极限误差。

**1.0.4** 卫星定位测量宜积极采用新技术、新方法和新型仪器。

**1.0.5** 卫星定位测量除应符合本标准外,尚应符合国家、行业及本市现行有关标准的规定。

# 2 术语、符号和缩略语

## 2.1 术 语

**2.1.1** 全球导航卫星系统 Global Navigation Satellite System

采用全球卫星无线电定位技术确定时间和目标的空间位置的系统,简称GNSS。

**2.1.2** 卫星定位测量 Surveying Using Satellite Positioning System

利用全球导航卫星定位技术建立测量控制网或测量定位等测绘活动,又称GNSS测量。

**2.1.3** CORS系统 Continuously Operating Reference Station System

由多个连续运行的GNSS基准站及计算机网络、通信网络、软件系统等组成,用于提供不同精度、多种方式定位服务的信息系统。

**2.1.4** SHCORS系统 Shanghai Continuously Operating Reference Station System

由自然资源部批准,上海市规划和自然资源局负责管理,服务于上海市行政区域范围的CORS系统。

**2.1.5** 2000国家大地坐标系 China Geodetic Coordinate System 2000

由国家建立的高精度、地心、动态、实用、统一的大地坐标系,其原点为包括海洋和大气的整个地球的质量中心,简称CGCS2000。

**2.1.6** 上海2000坐标系 Shanghai 2000 Coordinate System

上海2000坐标系是基于CGCS2000椭球建立的相对独立平

面坐标系,自 2021 年 1 月 1 日启用。

**2.1.7  吴淞高程系  Wusong Elevation System**

采用上海吴淞口验潮站 1871 至 1900 年实测的最低潮位建立的正常高系统。

**2.1.8  观测时段  Observation Session**

测站上开始记录卫星观测数据到停止记录的时间段里连续工作的时间。

**2.1.9  同步观测  Simultaneous Observation**

两台及以上接收机同时对相同的卫星组进行观测。

**2.1.10  同步观测环  Simultaneous Observation Loop**

三台及以上接收机同步观测所获得的基线向量构成的闭合环,简称同步环。

**2.1.11  异步观测环  Unsimultaneous Observation Loop**

由不同观测时段的观测基线向量构成的闭合环,简称异步环。

**2.1.12  独立基线  Independ Baseline**

线性无关的一组观测基线。

**2.1.13  广播星历  Broadcast Ephemeris**

卫星实时播发的用来表示不同时刻卫星轨道、钟差的一组参数。

**2.1.14  精密星历  Precise Ephemeris**

利用全球或区域导航卫星跟踪站网的观测数据,处理确定的表示卫星不同时刻精密轨道、钟差的一组参数。

**2.1.15  似大地水准面  Quasi-Geoid**

从地面点沿正常重力线量取正常高所得端点构成的封闭曲面。

**2.1.16  高程异常  Height Anomaly**

似大地水准面相对于参考椭球面的高度。

**2.1.17  星基增强系统  Satellite-Based Augmentation System**

通过地球静止轨道卫星搭载卫星导航增强信号转发器,可以向用户播发星历误差、卫星钟差、电离层延迟等多种修正信息,实现对于原有卫星导航系统定位精度的提升。

## 2.2 符 号

$A$——固定误差;

$B$——比例误差系数;

$d$——相应等级规定的平均边长基线点之间的距离或平均边长;

$d_s$——复测基线的长度较差;

$dV_{\Delta X}$——基线改正数 $X$ 方向较差;

$dV_{\Delta Y}$——基线改正数 $Y$ 方向较差;

$dV_{\Delta Z}$——基线改正数 $Z$ 方向较差;

$H'_i$——拟合点、检测点的 GNSS 测量高程;

$H_i$——拟合点、检测点的水准测量的高程;

$L$——水准检测线路长度;

$m$——控制网的测量中误差;

$N$——控制网中异步环个数;

$n$——闭合环边数、测站数、点数;

$t$——拟合模型参数个数;

$V_{\Delta X}$——基线向量 $X$ 方向改正数;

$V_{\Delta Y}$——基线向量 $Y$ 方向改正数;

$V_{\Delta Z}$——基线向量 $Z$ 方向改正数;

$V_i$——拟合点的拟合残差;

$W_S$——同步环、异步环或附合线路坐标闭合差;

$W_X$——同步环、异步环 $X$ 方向坐标闭合差;

$W_Y$——同步环、异步环 $Y$ 方向坐标闭合差;

$W_Z$——同步环、异步环 $Z$ 方向坐标闭合差;

$\sigma$——基线向量的长度中误差;

$\mu$——高程异常中误差；

$M$——测图比例尺分母；

$D$——基线长度。

## 2.3 缩略语

IGS　International GNSS Service　国际全球导航卫星系统服务

PDOP　Position Dilution Of Precision　三维位置精度因子

PPP　Precise Point Positioning　精密单点定位技术

ITRF　International Terrestrial Reference Frame　国际地球参考框架

IERS　International Earth Rotation Service　国际地球自转服务

RTD　Real-Time Differential　利用伪距差分的实时动态定位

RTK　Real-Time Kinematic　用载波相位差分的实时动态定位

PPK　Post Processing Kinematic　利用载波相位进行事后动态差分 GNSS 定位的技术

GNSS　Global Navigation Satellite System　全球卫星导航系统

SBAS　Satellite-Based Augmentation System　星基增强系统

BDS　Beidou Navigation Satellite System　北斗卫星导航系统

# 3 基本规定

## 3.1 空间基准

**3.1.1** GNSS 测量原始观测值应采用相应导航卫星系统的坐标框架。其测量的大地坐标转换成高斯平面坐标时,坐标系统应采用上海 2000 坐标系;其测量的大地高转换成正常高时,高程系统应采用吴淞高程系。

**3.1.2** 采用 2000 国家大地坐标系、1954 年北京坐标系、1980 西安坐标系、1984 世界大地坐标系和 1985 国家高程基准等不同参考系统时,应进行转换。各参考系的基本几何参数见本标准附录 A。

**3.1.3** 使用工程坐标系统时,可根据工程地理位置和平均高程采用任意带高斯正形投影的平面直角坐标系统,投影面可采用椭球面或抵偿高程面。

## 3.2 时间系统

**3.2.1** GNSS 测量原始观测值应采用相应导航卫星系统的系统时间,数据处理时应采用统一的时间系统。

**3.2.2** GNSS 测量外业记录应采用北京标准时间(BST)。

## 3.3 仪器设备

**3.3.1** 用于 GNSS 测量的仪器设备应经计量检验合格,并在合格有效期内使用。

**3.3.2** 新购置或经过维修的 GNSS 接收机、天线应在检校合格后使用。

**3.3.3** 测量仪器使用前及使用过程中应定期检查,当仪器设备发生异常时,应停止测量。

# 4 连续运行基准站系统建设及维护

## 4.1 一般规定

**4.1.1** 连续运行基准站系统应包括卫星定位系统接收机及天线、气象设备、防雷设备、通信设备、电源设备、观测墩、数据处理中心等。

**4.1.2** 基准站系统的数据在存储、传输、使用过程中,应满足国家相关法律法规的要求。

**4.1.3** 基准站系统的建设宜考虑与周边现有的 CORS 系统兼容,协同服务。

**4.1.4** 用于服务本市规划和工程建设的基准站系统,应使用国家或本市统一的大地坐标框架,并满足本标准第 3.1 节的要求。

## 4.2 基准站网技术设计

**4.2.1** 连续运行基准站网设计前应收集下列资料:

　　**1** 区域内已有的城市连续运行基准站网建设的资料、控制网成果资料和现势性好的地形图资料。

　　**2** 区域内及周边地区的地质、水文、气象和交通资源与需求等资料。

　　**3** 区域内的无线电发射源、微波站等资料。

　　**4** 城市总体规划和近期建设开发资料。

**4.2.2** 按实时定位服务精度的不同选择基准站间距离,基准站间距离应符合表 4.2.2 的规定。

表 4.2.2 基准站间距离

| 实时定位精度 | 分米级 | 厘米级 |
|---|---|---|
| 基准站间距离(km) | 50~150 | 20~70 |

注:近海海域不满足建站要求的情况下,应开展专项论证。

**4.2.3** 基准站点选址应符合下列规定:

**1** 与高大建筑、树木、水体、海滩和易积水地带等易产生多路径效应的地物的距离应大于 200 m。

**2** 有 10°以上地平高度角的卫星通视条件。

**3** 与微波站、无线电发射台、变电站、风力发电机、高压线穿越地带等电磁干扰区的距离应大于 200 m。

**4** 避开断裂带、易发生滑坡与沉陷等地质构造不稳定区域和易受水淹或地下水位变化较大的地区。

**5** 便于接入公共或专用通信网络。

**6** 具有稳定、安全可靠的电源。

**7** 交通便利,便于人员往来和车辆运输。

**8** 便于长期保存。

**9** 观测室内的温度和相对湿度应满足仪器设备正常运行的要求。

**10** 水准标志与观测墩强制对中标志间高差测定精度应不低于 3 mm。

**11** 应进行 24 h 以上的实地环境测试,数据可用率应大于85%,多路径影响应小于 0.5 m。

**4.2.4** 基准站布设时应考虑与国家一、二等水准点及本市水准点联测的便捷性。

**4.2.5** 基准站接收机应符合下列规定:

**1** GNSS 接收机具有同时跟踪单星座不少于 6 颗全球导航定位卫星信号的能力。

**2** 采样频率具有 1 Hz 以上的能力。

**3** 观测数据至少包括双频测距码、双频载波相位值、广播星历。

**4** 具备外接频标输入口,可配置 5 MHz 或 10 MHz 的外接频标。

**5** 具备 2 种以上的数据通信接口。

**6** 具有输出原始观测数据、导航定位数据、差分修正数据、1 PPS 脉冲的能力。

**7** 在 30 s 采样率的条件下,接收机内存可连续保存至少 7 d 的数据。

**4.2.6** 基准站天线应符合下列规定:

**1** 相位中心稳定性优于 1 mm。

**2** 具备抗多路径效应的扼流圈或抑径板。

**3** 具有抗电磁干扰能力。

**4** 具有定向指北标志。

**5** 配有防护罩。


## 4.3 基准站系统建设

**4.3.1** 基准站系统建设应包括观测墩基建、基准站接收机和天线安装、设备室及数据处理中心建设等。

**4.3.2** 基准站观测墩基建应符合下列规定:

**1** 屋顶观测墩内部钢筋应与房屋主承重结构钢筋焊接,结合部分应不少于 0.1 m,与屋顶面接合处应做防水处理;墩身应高出屋顶面 1.5 m 以上。

**2** 深埋点应根据实际地质情况进行专项设计。

**3** 观测墩顶面应水平,垂直安装强制对中装置,墩外壁应加装或预埋适合线缆进出的钢质或硬质塑料管道。

**4** 同一站点有 2 个及以上观测墩时,观测墩的间距应大于 5 m。

**4.3.3** 基准站接收机安装应符合下列规定:

**1** 基准站接收机的选用应满足本标准第 4.2.5 条的要求。

**2** 接收机应放置于通风良好、干燥、避光的地点,应安装在集成柜内。

**3** 安装或更新后应填写 GNSS 基准站参数设置记录,记录应符合本标准附录 B 的要求。

**4.3.4** 基准站天线安装应符合下列规定:

**1** 天线的选用满足本标准第 4.2.6 条的要求。

**2** 天线应固紧于观测墩的强制对中标志上,天线定向指北标志与真北方向差异不应超过 5°。

**3** 天线电缆采用低损耗的射频电缆,当电缆线延长超过 30 m 时,应根据实际情况选择加装相应的信号放大器。

**4** 安装或更新后填写 GNSS 基准站参数设置记录,记录应符合本标准附录 B 的要求。

**4.3.5** 基准站设备室内电源、防雷、消防及通信网络建设应符合下列规定:

**1** 采用单相市电供电,并加装在线式 UPS;后备电源可选择使用太阳能、大容量电池组等;后备电源单独供电时,至少能维持基准站设备连续工作 24 h;电源线路做接地保护并加装电涌防护设备。

**2** 系统的雷电防护设施应符合现行国家标准《建筑物防雷设计规范》GB 50057 和《电子设备雷击试验方法》GB/T 3482 的相关规定。

**3** 数字通信传输速率应大于 2 Mbps,实时通信时通信误码率应小于 $10^{-8}$,时延应小于 1 s。

**4.3.6** 基准站系统数据中心建设时应考虑安全性、可靠性、保密性和可恢复性,应符合下列规定:

**1** 数据中心内部局域网与外部网络进行物理隔离,并应设置不同级别的访问权限,内部和外部网络的系统安全等级应不低于现行国家标准《信息安全技术 网络安全等级保护基本要求》GB/T 22239 的第二级安全的要求。

**2** 关键设备采用冗余备份系统,关键数据应采用双机异地备份。

**3** 数据和产品应根据不同密级进行加密处理。

**4** 发生故障时,数据管理系统应在 24 h 内恢复,产品服务系统应在 12 h 内恢复。

**4.3.7** 基准站网管理系统应具备下列功能:

**1** 能远程监控基准站设备状况。

**2** 能对基准站采集的源数据进行采集、分流、整理和存储。

**3** 能对数据中心产生的各类成果数据进行标准化管理。

**4.3.8** 基准站网数据处理分析满足下列要求:

**1** 应采用 ITRF 作为参考框架,以适当数量和分布均匀的 IGS 站的坐标和原始观测数据、精密星历为起算数据。

**2** 应采用具备高精度数据处理能力的软件;数据处理模型宜采用 IERS 相关标准。

**3** 应具备基准站点位置监控功能,具有位移报警和站点出现异常情况自动重新组网、实时重新发布服务的功能。

**4** 应具备系统负载均衡和系统热备份能力。

**4.3.9** 产品服务系统建设应满足下列要求:

**1** 提供基准站卫星跟踪原始数据、基准站信息及相应精度指标。

**2** 提供实时载波相位差分和伪距差分修正数据等。

## 4.4 系统测试与验收

**4.4.1** 系统测试应包括下列内容:

**1** 系统安全等级应不低于现行国家标准《信息安全技术 网络安全等级保护基本要求》GB/T 22239 的第二级安全的相关要求。

**2** 精度测试、可用性测试、网络性能测试应符合现行国家标准《卫星导航定位基准站网测试技术规范》GB/T 39615 的相关规定。

**3** 基准站数据采集的数据完整性应不小于95％。

**4** 系统流动站用户并发数测试时，流动站最大用户数应达到系统设计要求。

**5** 服务软件初始化时间应符合系统设计要求。

**6** 应兼容包括BDS在内的多导航卫星系统数据的接收及处理；应具备RTCM实时数据格式的解析、生成及播发功能。

**4.4.2** 系统验收前，承建单位应进行两级检查。系统验收应委托具有资质的第三方实施，验收应符合下列规定：

**1** 按有关的规范、技术标准和技术设计的要求实施验收。

**2** 验收宜采用内、外业相结合的方式抽样检查。

**3** 验收完成后应编制检验报告。

## 4.5 成果提交

**4.5.1** 系统建设完成后应进行资料整理，并提交相应纸质和电子成果资料。

**4.5.2** 提交的成果资料宜包括下列内容：

**1** 基准站点备案登记表、基准站点建设批复文件。

**2** 基准站点建设设计书、点之记、现场照片、验收资料。

**3** 基准站网系统站点成果、平差记录。

**4** 基准站网系统建设中硬件合格证书、软件说明书。

**5** 基准站网系统设计方案、测试报告、验收报告。

## 4.6 系统维护

**4.6.1** 基准站软硬件维护基本要求应符合下列规定：

**1** 应对基准站GNSS接收机、GNSS天线、监控设备、供电电源、网络通信设备、防雷设备等设备进行维护。设备故障时应及时处置，记录表见本标准附录 B。

    **2**   应建立基准站设备运行预警机制，接到相应的预警信息，应通过远程或到达基准站现场及时分析查找中断原因并进行处理。

    **3**   各基准站的参数变化时，应及时填写 GNSS 基准站参数设置表，记录表见本标准附录 C。

    **4**   基准站应定期巡视并记录，巡视的时间间隔不应超过6个月，记录表见本标准附录 D，内容包括：

        **1**）设备完好性和运行状态、线缆磨损情况、天线安置稳定性等检视，及时对 GNSS 接收机固件进行升级；

        **2**）电池氧化、电池漏液、放电时间、电池容量等检视，同时对 UPS 电池进行维护保养；

        **3**）在每年的雷雨季节前进行防雷设备工作状态、接地连接是否松脱生锈、接地电阻变化等检测。

**4.6.2**   数据中心维护基本要求应符合下列规定：

    **1**   数据备份设备容量保持 20％以上空余，必要时进行扩容；中心服务器、网络设备、UPS 电源等硬件配置应具备一定的冗余度；建立磁盘监控与整理机制，设置系统控制参数，进行系统运行监视，对计算机磁盘空间进行监控和整理。

    **2**   定期更新杀毒软件病毒库，并对计算机设备进行病毒检测，发现病毒感染应及时清除。

    **3**   软件升级时应进行不少于 14 d 的系统测试，测试内容主要包括系统定位效率、定位精度、系统综合性能和终端兼容性等。

    **4**   采样率为 30 s 的数据采用数据库保存，并按年度保存。采样率为 10 s 的数据应以文件方式按小时存储在本地服务器，按年度保存，其余数据可根据需要存储。

    **5**   完善数据库备份恢复策略，定期做好数据监测、备份、恢复测试并记录，保证数据的一致性和安全性。

**4.6.3** 网络维护基本要求应符合下列规定：

**1** 定期对数据中心局域网和基准站数据通信网络进行检测与维护，检测内容包括网络设备工作状态、带宽、传输速率、误码率、延迟时间、丢包率、网络安全等。

**2** 根据实际用户接入量和基准站点数量扩充带宽。

**3** 提供网络 RTK 服务时，网络可用性应大于 98%，时延应小于 1 s。

**4** 及时对系统软件、防火墙定期进行更新和升级。

**5** 应监控 GNSS 控制中心软件运行情况并记录，记录表见本标准附录 E。

## 4.7 系统产品和服务

**4.7.1** 系统产品可包括应用于定位、导航、气象等方面的信息、数据和成果。

**4.7.2** 系统服务应包括下列内容：

**1** 厘米级、分米级和米级精度的实时位置服务。

**2** 厘米级、分米级和米级精度的快速位置服务。

**3** 毫米级、厘米级和分米级精度的事后位置服务。

**4.7.3** 用户管理应符合下列规定：

**1** 连续运行基准站网采取用户审核注册的方式提供服务。申请使用厘米级位置服务的用户，应提供测绘资质证书、仪器校准或检定证书向系统运维单位提出申请，经管理单位审批后开通用户服务。

**2** 申请基准站观测数据按照相关法律法规的要求办理手续后提供。

**3** 建立用户档案，记录用户使用情况，用户操作日志应定期保存。

# 5 静态测量

## 5.1 一般规定

**5.1.1** GNSS 静态测量用于布设 GNSS 控制网、建立区域高程异常模型、基准站建设、工程形变测量等,GNSS 控制网包括平面控制网和高程控制网。

**5.1.2** 精密单点定位测量可作为 GNSS 静态控制网建设的补充,也可为远海等特殊环境下控制网的布设提供起算数据。

**5.1.3** GNSS 控制网根据规模、用途、性质和精度确定等级,遵循从整体到局部、分级布网的原则。加密 GNSS 控制网可逐级布网、越级布网或同级布网。

**5.1.4** GNSS 控制网基线长度精度应按公式(5.1.4)计算,当基线长度小于 1 km 时按 1 km 计。

$$\sigma = \sqrt{A^2 + (B \cdot d)^2} \qquad (5.1.4)$$

式中:$\sigma$——基线向量的长度中误差(mm);

$A$——固定误差(mm);

$B$——比例误差系数(mm/km);

$d$——基线平均长度(km)。

**5.1.5** GNSS 控制网按相邻点的平均距离和精度划分为二、三、四等及一、二级。各等级 GNSS 控制网的技术要求应符合表 5.1.5 的规定。二、三、四等网相邻点最小边长不宜小于平均边长的 1/2,最大边长不宜大于平均边长的 2 倍。一、二级网相邻点最小边长不宜小于平均边长的 1/4,最大边长不应大于平均边长的 4 倍。

表 5.1.5　GNSS 控制网的主要技术要求

| 等级 | 平均边长（km） | $A$（mm） | $B$（mm/km） | 最弱边相对中误差 |
|---|---|---|---|---|
| 二等 | 9 | ≤5 | ≤2 | 1/120 000 |
| 三等 | 5 | ≤5 | ≤2 | 1/80 000 |
| 四等 | 2 | ≤10 | ≤5 | 1/45 000 |
| 一级 | 1 | ≤10 | ≤5 | 1/20 000 |
| 二级 | 0.5 | ≤10 | ≤5 | 1/10 000 |

注：1　当边长小于 200 m 时，边长中误差应小于 2 cm。
　　2　工程控制网边长可不受边长限制，但必须满足精度设计要求。

**5.1.6**　布设工程平面控制网时，起算点数不少于 2 个且应均匀分布。与邻省衔接的工程，应对邻省的控制点进行联测，联测点数不少于 2 个。

**5.1.7**　GNSS 控制网由一个或若干个异步观测环构成或者采用附合线路的形式构成。各等级 GNSS 控制网中每个异步环或附合线路中的边数应符合表 5.1.7 的规定。

表 5.1.7　异步环或附合线路边数的规定

| 等级 | 二等 | 三等 | 四等 | 一级 | 二级 |
|---|---|---|---|---|---|
| 异步环或附合线路的边数（条） | ≤6 | ≤8 | ≤10 | ≤10 | ≤10 |

**5.1.8**　GNSS 控制网的测量中误差应满足相应等级控制网的基线精度要求，GNSS 控制网的测量中误差按公式（5.1.8）计算：

$$m = \sqrt{\frac{1}{3N}\left[\frac{W_S W_S}{n}\right]} \qquad (5.1.8)$$

式中：$m$——控制网的测量中误差（mm）；

　　　$n$——异步环的边数；

　　　$N$——控制网中异步环个数；

　　　$W_S$——异步环环线全长闭合差（mm）。

## 5.2 技术设计

**5.2.1** GNSS 静态测量作业前应开展技术设计,技术设计应符合现行行业标准《测绘技术设计规定》CH/T 1004 的规定。

**5.2.2** 编写技术设计前,宜开展相应的策划。

**5.2.3** GNSS 静态测量应根据目的、精度指标进行设计,并符合下列规定:

**1** 精度设计应满足本标准表 5.1.5 中相应等级的指标要求。

**2** 选用的坐标系统应满足投影长度变形限值的要求。

**3** 对有特殊要求的工程,应进行控制网优化和精度估算。

**5.2.4** GNSS 静态测量技术设计应包括以下主要内容:

**1** 确定观测网的精度等级。

**2** GNSS 接收机的类型、数量、精度指标及对仪器校准或检定的要求。

**3** 控制网的点位分布、埋设形式。

**4** 观测作业过程的方法及技术要求,包括控制网网形、同步观测时间、重复设站数及其他技术指标;规定外业观测记录的内容和要求。

**5** 外业观测数据的检查、整理、预处理的内容及要求;确定静态测量解算方案和数据质量检核的要求;规定补测与重测的条件与要求。

**6** 提交成果及归档内容。

## 5.3 选点与造标

**5.3.1** GNSS 控制网布设选点前应收集测区内和周边地区的相关资料,宜包括:

**1** 测区大比例尺地形图。

**2** 测区卫星影像或其他实景影像资料。

**3** 测区及周边地区的控制测量资料,包括平面控制网和水准路线网成果、技术设计、技术总结、点之记等资料。

**4** 与测区有关的城市规划和近期城市建设发展资料。

**5** 与测区有关的交通、地质、气象、通信和地下水等资料。

**5.3.2** 选点应满足下列要求:

**1** 交通便利,并有利于扩展和联测的地点。

**2** 视场内不宜有高度角大于15°的障碍物。

**3** 点位附近不应有强烈干扰接收卫星信号的干扰源或强烈反射卫星信号的物体。

**4** 充分利用符合上述要求且稳定可靠的已有控制点。

**5.3.3** GNSS控制点命名和编号应符合下列规定:

**1** GNSS控制点命名或编号应能反映出此点的等级标识。

**2** 利用已有点位时,点名不宜更改。

**5.3.4** 造标应满足下列要求:

**1** 二、三、四等GNSS控制点应埋设稳定性测量标志,宜采用强制对中装置并长期保存。

**2** 一、二级GNSS控制点可采用预制或凿孔现场灌注混凝土埋设标志。

**3** 强制对中装置的标志中心应用铜、不锈钢或其他耐腐蚀、耐磨损的材料制作,并应安放正直,镶接牢固。标志规格要求应符合本标准附录F的要求。

**4** 造标后应在实地测定坐标、拍摄现场照片,位置精度不低于1 m,并绘制点之记,点之记绘制见本标准附录G。

## 5.4　数据采集

**5.4.1** GNSS控制点完成造标后,应在稳定、坚固后进行联测。

**5.4.2** 进行各等级 GNSS 测量选用的接收机应符合表 5.4.2 的规定。

表 5.4.2 GNSS 接收机的选用

| 等级 | 二等 | 三等 | 四等 | 一级 | 二级 |
|---|---|---|---|---|---|
| 接收机类型 | 双频及以上 | 双频及以上 | 双频及以上 | 单频及以上 | 单频及以上 |
| 标称精度 | $H:\leqslant(5\ mm +2\times10^{-6}D)$ $V:\leqslant(10\ mm +2\times10^{-6}D)$ | $H:\leqslant(5\ mm +2\times10^{-6}D)$ $V:\leqslant(10\ mm +2\times10^{-6}D)$ | $H:\leqslant(10\ mm +5\times10^{-6}D)$ $V:\leqslant(20\ mm +5\times10^{-6}D)$ | $H:\leqslant(10\ mm +5\times10^{-6}D)$ $V:\leqslant(20\ mm +5\times10^{-6}D)$ | $H:\leqslant(10\ mm +5\times10^{-6}D)$ $V:\leqslant(20\ mm +5\times10^{-6}D)$ |
| 同步观测接收机数 | $\geqslant4$ | $\geqslant3$ | $\geqslant3$ | $\geqslant3$ | $\geqslant3$ |

注:$D$—基线长度(km);$H$—水平方向精度;$V$—垂直方向精度。

**5.4.3** 各等级 GNSS 观测的技术要求应符合表 5.4.3 的规定。

表 5.4.3 GNSS 测量各等级作业的基本技术要求

| 等级 | 二等 | 三等 | 四等 | 一级 | 二级 |
|---|---|---|---|---|---|
| 卫星高度角(°) | $\geqslant15$ | $\geqslant15$ | $\geqslant15$ | $\geqslant15$ | $\geqslant15$ |
| 同星座有效观测卫星数 | $\geqslant5$ | $\geqslant5$ | $\geqslant5$ | $\geqslant4$ | $\geqslant4$ |
| 观测时段长度(min) | $\geqslant90$ | $\geqslant60$ | $\geqslant45$ | $\geqslant30$ | $\geqslant30$ |
| 数据采样间隔(s) | 10~30 | 10~30 | 10~30 | 10~30 | 10~30 |
| PDOP 值 | <6 | <6 | <6 | <6 | <6 |
| 平均重复设站数 | $\geqslant2.0$ | $\geqslant2.0$ | $\geqslant1.6$ | $\geqslant1.6$ | $\geqslant1.6$ |

**5.4.4** GNSS 高程测量宜与平面测量同时进行,也可单独进行。GNSS 高程测量应满足下列要求:

**1** 测量前应先建立高程异常模型,可利用已有似大地水准面模型或区域高程异常模型。新建高程异常模型应与检验同时进行,精度分别评定。

**2** 当利用 GNSS 高程测量代替四等及以上水准测量时,应使用已有城市似大地水准面模型并进行专业技术设计。

**3** 在区域面积小、重力异常变化平缓地区，可利用测区及周边满足精度和密度要求，且同时具有水准测量、GNSS测量成果的控制点资料和测区地形资料，通过数学拟合方法，获取该区域的高程异常模型。

**4** GNSS高程测量应在高程异常模型覆盖区域内进行，不应外扩。

**5.4.5** GNSS观测的准备工作应满足下列要求：

**1** GNSS接收设备在使用前，应检查电池的容量和可用存储空间，并进行通电检查，通电检查应满足下列要求：

  **1）**电源及工作状态指示灯工作应正常；

  **2）**按键和显示系统工作应正常；

  **3）**利用自测试命令测试应正常。

**2** GNSS接收机天线应安置整平，定向标志宜指向正北。对于定向标志不明显的接收机天线，可预先设置定向标志。

**3** GNSS接收设备选用应符合本标准第5.4.3条规定，各接收机采样间隔应设置一致。

**4** GNSS接收设备置于楼顶、高标或其他设施顶端作业时，应采取加固措施；大风天气作业时，应采取防风措施。

**5** GNSS设备运输时注意采取防震、防潮等措施；搬站时应卸下，装箱搬迁。

**5.4.6** 控制点上进行GNSS观测应满足下列要求：

**1** 用三脚架安置GNSS接收机天线，对中误差应小于2 mm。

**2** 天线高的量取应精确至1 mm，测前测后各量测一次，两次较差不应大于3 mm，取平均值作为最终成果；较差超限时应查明原因，并重新量测，并记录至GNSS外业观测手簿备注栏内；GNSS外业观测手簿格式见本标准附录H。

**3** 观测过程中逐项填写GNSS外业观测手簿中的记录项目，记录见本标准附录H。

**4** 接收机开始记录数据后,查看测站信息、卫星状况、实时定位结果、存储介质记录和电源工作情况,异常情况应记录至GNSS外业观测手簿异常情况记录栏内。

**5** 作业期间使用手机和对讲机时宜远离接收机,雷雨天气应关机停测。

**6** 作业期间不得关机又重新启动、自测试、改变仪器高度值与测站名、改变 GNSS 天线位置、关闭文件和删除文件。

**7** 作业人员在作业期间应照看好仪器,防止仪器受到震动和被移动,防止人和其他物体靠近天线,遮挡卫星信号。

**8** 观测结束后,检查 GNSS 外业观测手簿的内容,并进行点位保护。

**5.4.7** 每日观测结束后应及时做好下列工作:

**1** 观测数据备份,对数据进行处理,原始观测记录不得涂改、转抄和追记。

**2** 数据存储介质应贴标识,标识信息应与记录手簿中的有关信息对应。

**3** 接收机内存数据转存过程中,不应进行任何剔除和删改,不应调用任何对数据实施重新加工组合的操作指令。

## 5.5 数据处理

**5.5.1** GNSS 控制网数据处理应包括数据格式转换、基线解算、基线向量检验、平差计算等内容。

**5.5.2** 当采用多种不同型号的接收机共同作业并进行联合解算时,GNSS 观测数据宜转换成 RINEX 标准格式文件。

**5.5.3** 二等 GNSS 控制网基线解算和平差宜采用高精度数据处理软件,其他等级控制网可采用随机软件。基线解算应满足下列要求:

**1** 二等 GNSS 控制网应采用卫星精密星历解算基线,基线解算时应加入对流层延迟修正,对流层延迟修正模型中的气象元素可采用标准气象元素;其他等级控制网可采用卫星广播星历解算基线。

**2** 基线解算模式可采用多基线解算模式和单基线解算模式。

**3** 基线解算结果宜采用双差固定解;基线解算处理结果中应包括相对定位坐标及其方差阵、基线及其方差-协方差阵等平差所需的元素。

**5.5.4** 基线向量检验应符合下列要求:

**1** 同一观测时段观测值的数据剔除率不宜大于20%。

**2** 复测基线的长度较差 $d_s$ 应满足公式(5.5.4-1)的要求。

$$d_s \leqslant 2\sqrt{2}\sigma \qquad (5.5.4\text{-}1)$$

式中:$d_s$——复测基线的长度较差;

$\sigma$——基线向量的长度中误差。

**3** GNSS控制网中任何一个同步环检验应符合下列规定:

**1**)当单基线解算时,对于采用同一种数学模型的基线解,其同步观测时段中任一三边同步环坐标分量相对闭合差和全长相对闭合差宜符合表5.5.4的规定。

表5.5.4 同步环坐标分量和全长相对闭合差的要求($1 \times 10^{-6}$)

| 限差类型 \ 等级 | 二等 | 三等 | 四等 | 一级 | 二级 |
|---|---|---|---|---|---|
| 坐标分量相对闭合差 | ≤2 | ≤3 | ≤6 | ≤9 | ≤9 |
| 全长相对闭合差 | ≤3 | ≤5 | ≤10 | ≤15 | ≤15 |

**2**)当单基线解算时,对于采用不同数学模型的基线解,其同步观测时段中任一三边同步环的坐标分量相对闭合差和全长相对闭合差按异步环闭合差要求检验。同观

测时段中的多边形同步环,可不重复检验。

**4** GNSS 控制网中任何一个异步环或附合线路各坐标分量闭合差及环线全长闭合差应满足公式(5.5.4-2)的要求:

$$W_X \leqslant 2\sqrt{n}\sigma$$
$$W_Y \leqslant 2\sqrt{n}\sigma$$
$$W_Z \leqslant 2\sqrt{n}\sigma$$
$$W_S \leqslant 2\sqrt{3n}\sigma$$
$$W_S = \sqrt{W_X^2 + W_Y^2 + W_Z^2} \qquad (5.5.4\text{-}2)$$

式中:$W_S$——环闭合差;

$W_X$——$X$ 方向坐标分量闭合差;

$W_Y$——$Y$ 方向坐标分量闭合差;

$W_Z$——$Z$ 方向坐标分量闭合差;

$\sigma$——基线向量的长度中误差;

$n$——异步环或附合线路基线边数。

**5** 重复基线、同步环、异步环或附合路线中的基线超限,应舍弃可靠性较小的基线后重新构成异步环,所含异步环基线数应符合本标准表 5.1.7 的规定。舍弃和重测的基线应分析,并记录在数据处理报告中。

**5.5.5** 外业观测数据检验合格后,应按本标准第 5.1.8 条对 GNSS 控制网的观测精度进行评定。

**5.5.6** GNSS 控制网平差计算应包括无约束平差、约束平差等内容。

**5.5.7** 无约束平差应满足下列要求:

**1** 基线向量检验符合要求后,应以三维基线向量及其相应方差-协方差阵作为观测信息,按固定一个点的三维坐标作为起算依据,进行 GNSS 网的无约束平差。

**2** 无约束平差应提供各点的三维坐标、各基线向量、改正数和精度信息。

**3** 无约束平差中,基线分量的改正数绝对值($V_{\Delta X}$、$V_{\Delta Y}$、$V_{\Delta Z}$)应满足公式(5.5.7)的要求:

$$V_{\Delta X} \leqslant 3\sigma$$
$$V_{\Delta Y} \leqslant 3\sigma$$
$$V_{\Delta Z} \leqslant 3\sigma \qquad (5.5.7)$$

式中:$V_{\Delta X}$——基线向量 $X$ 方向改正数;

$V_{\Delta Y}$——基线向量 $Y$ 方向改正数;

$V_{\Delta Z}$——基线向量 $Z$ 方向改正数;

$\sigma$——基线向量的长度中误差。

**5.5.8** 约束平差应满足下列要求:

**1** 上海 2000 坐标系下的二等 GNSS 控制网应选用不少于 3 个 SHCORS 站点作为起算点,对通过无约束平差后的观测值进行三维约束平差,当只需建立平面控制网时可进行二维约束平差。

**2** 平差中,可对已知点坐标、已知距离和已知方位进行强制约束或加权约束。约束点间的边长相对中误差应符合本标准表 5.1.5 中相应等级的规定。

**3** 约束平差中,基线分量的改正数与经过剔除粗差后的无约束平差结果的同一基线相应改正数较差的($dV_{\Delta X}$、$dV_{\Delta Y}$、$dV_{\Delta Z}$)应满足公式(5.5.8)的要求:

$$dV_{\Delta X} \leqslant 2\sigma$$
$$dV_{\Delta Y} \leqslant 2\sigma$$
$$dV_{\Delta Z} \leqslant 2\sigma \qquad (5.5.8)$$

式中:$dV_{\Delta X}$——基线改正数 $X$ 方向较差;

$dV_{\Delta Y}$——基线改正数 $Y$ 方向较差;

$dV_{\Delta Z}$——基线改正数 $Z$ 方向较差;

$\sigma$——基线向量的长度中误差。

**4** 约束平差时,已知控制点多于 2 个时,应进行稳定性分析。

**5** 平差后的最弱边相对中误差应符合本标准表 5.1.5 中相应等级的规定。

**6** 需要利用获取的大地高数据进行正常高计算或者建立测区高程异常模型时,应至少选择一个三维已知坐标作为起算点进行三维约束平差,并选取正确的椭球参数。

**5.5.9** 平差成果应包括相应坐标系中的三维或二维坐标、基线向量改正数、基线边长、方位角、转换参数及其精度等信息。方位角精确至 $0.1''$,坐标和边长精确至 1 mm。

**5.5.10** 采用精密单点定位方式进行控制网解算时应选用精密的地球自转参数、卫星轨道、卫星钟差等数据。

## 5.6 质量检查与成果提交

**5.6.1** GNSS 静态测量成果的检查验收与质量评定应符合现行国家标准《测绘成果质量检查与验收》GB/T 24356、现行上海市工程建设规范《测绘成果质量检验标准》DG/TJ 08—2322 的规定。

**5.6.2** 各级检查、验收工作应独立、依序进行,不得省略、代替或颠倒顺序。

**5.6.3** 过程检查和最终检查应由不同的检查人员实施。各级检查中发现的质量问题应返回上一道工序改正后再进行复核。

**5.6.4** GNSS 静态测量成果最终检查完成后,应按现行业标准《测绘技术总结编写规定》CH/T 1001 的规定编写技术总结,其内容宜包括:

**1** 测区概况,自然地理条件等。

**2** 任务来源,施测目的和基本精度要求,测区已有成果情况。

**3** 施测单位,施测起止时间,技术依据,作业人员情况,接收设备类型与数量以及检验情况，观测方法，重测、补测情况，作业环境，重合点情况，工作量情况。

**4** 野外数据检核，起算数据情况，数据后处理内容、方法与软件情况。

**5** 外业观测数据质量分析与野外检核计算情况。

**6** 尚存问题和需说明的其他问题。

**7** 各种附表与附图等。

**5.6.5** GNSS 静态测量成果的质量检查应进行 100％内业检查和 10％的外业抽查。

**5.6.6** 质量检查内容宜包括：

**1** 使用仪器的精度等级、检定记录的符合性。

**2** 控制点布设的符合性，选点资料的齐全性。

**3** 外业观测资料、多余观测、各项限差、技术指标等符合性。

**4** 数据录入及起算数据的正确性，各项限差、闭合差的符合性和精度统计的合理性，观测数据各项改正的齐全性、正确性。

**5** 计算过程正确性、资料整理的完整性、精度统计和质量评定的合理性，以及提交成果的正确性和完整性。

**6** 技术报告内容的完整性、统计数据的准确性、结论的可靠性等。

**5.6.7** 检查验收完成后应进行质量评定，GNSS 静态测量成果质量等级宜采用优、良、合格和不合格四级评定。

**5.6.8** GNSS 静态测量工作结束后应进行资料整理、编目并提交成果资料。

**5.6.9** 提交的成果资料宜包括下列内容：

**1** 技术设计书、生产过程中的补充规定。

**2** 利用的已有成果资料情况。

**3** 仪器设备的检定/校准证书和自检原始记录。

**4** 点之记、外业原始观测数据、观测记录和平差计算资料（含图、表、说明等）。

**5** 质量检查资料，包括检查报告等。

**6** 技术总结。

**7** 坐标、高程成果及成果说明等。

**8** 项目要求提交的其他补充资料等。

# 6 动态测量

## 6.1 一般规定

**6.1.1** GNSS 动态测量用于控制测量、碎部测量、放样测量等，以及基于 GNSS 定位模块的移动测量。

**6.1.2** GNSS 动态测量包括实时动态测量、后处理动态测量两种模式，应满足下列要求：

    **1** 实时动态测量应采用 RTD、RTK 和 SBAS 等方式，可采用单基站、CORS 和 SBAS 差分三种方法进行。

    **2** 后处理动态测量应采用 RTD、PPK 和 PPP 等方式。

**6.1.3** GNSS 动态测量宜优先采用 SHCORS 提供的网络差分服务。在通信困难的情况下，可采用单基站、SBAS 或后处理动态测量模式进行测量。

**6.1.4** 在进行 GNSS 动态测量时，应当至少有一个导航卫星系统的 GNSS 卫星的状况符合表 6.1.4 的规定。

**表 6.1.4 GNSS 卫星状况的基本要求**

| 观测窗口状态 | 15°以上的卫星个数 | PDOP 值 |
|---|---|---|
| 良好 | >5 | <4 |
| 可用 | 5 | ≤6 |
| 不可用 | <5 | >6 |

**6.1.5** 利用 GNSS 动态测量测设控制点时，应进行坐标或几何关系检核。

**6.1.6** 动态测量完成后，应根据要求整理成果资料，编写测量技术总结。

**6.1.7** 测绘外业人员安全生产应符合现行业标准《测绘作业人员安全规范》CH 1016 的相关规定。

## 6.2 技术设计

**6.2.1** 作业前,应根据收集到的资料进行适应性分析和必要的踏勘,同时结合技术水平及生产能力编制测绘技术设计。

**6.2.2** 设计内容应包括概述、测区自然地理概况与已有资料情况、技术依据、成果主要技术指标和规格、技术设计方案等部分。

**6.2.3** 单基站采用电台通信模式作业时,应规定基准站及流动站架设高度,并应根据基准站和流动站天线架设高度预估作业覆盖范围。CORS、SBAS 卫星定位测量应在其有效服务区域内。

**6.2.4** 应根据精度要求、作业范围等明确采用的动态测量方式,合理选择使用单星座或多星座系统进行设计。

**6.2.5** 技术设计应在项目实施前进行,并在项目实施过程中对技术设计的执行情况进行检查、分析并适时调整。

## 6.3 数据采集

**6.3.1** RTK 控制测量应符合下列规定:

　　**1** RTK 控制点可根据需要选择埋设普通 GNSS 控制点标石或现场进行标记。控制点标石埋设和布设点位选择应符合本标准第 5.3 节的有关规定。

　　**2** 平面控制测量按精度划分为一级、二级、三级、图根。高程控制测量可用于图根。测量时应采用三角支架方式架设天线,数据采集时圆气泡应稳定居中,仪器对中、天线高量取应精确至 1 mm,天线高记录格式见本标准附录 H。技术要求应符合表 6.3.1-1、表 6.3.1-2 的规定。

表 6.3.1-1 GNSS RTK 平面控制测量技术要求

| 等级 | 相邻点间距离(m) | 点位中误差(mm) | 相对中误差 | 起算点等级 | 初始化次数 | 一次初始化测量次数 | 流动站到单基准站间距离(km) |
|---|---|---|---|---|---|---|---|
| 一级 | ≥500 | ≤50 | ≤1/20 000 | — | ≥4 | ≥4 | — |
| 二级 | ≥300 | ≤50 | ≤1/10 000 | 四等及以上 | ≥2 | ≥2 | ≤15 |
| 三级 | ≥200 | ≤50 | ≤1/6 000 | 二级及以上 | ≥2 | ≥2 | ≤15 |
| 图根 | ≥100 | ≤50 | ≤1/4 000 | 二级及以上 | ≥2 | ≥2 | ≤10 |

注:1 一级控制点布设应采用 CORS 测量技术。
  2 采用 CORS 测量可不受起算点等级、流动站到单基准站间距离的限制。
  3 困难地区相邻点间距离可缩短至表中数值的 2/3,边长较差应不大于 ±20 mm。

表 6.3.1-2 GNSS RTK 高程控制测量技术要求

| 等级 | 相邻点间距离(m) | 大地高较差(mm) | 起算点水准高等级 | 流动站到单基准站间距离(km) | 初始化次数 | 一次初始化读数次数 |
|---|---|---|---|---|---|---|
| 图根 | ≥100 | ≤30 | 四等及以上 | ≤10 | ≥4 | ≥2 |

注:1 CORS 测量可不受起算点等级、流动站到单基准站间距离的限制。
  2 困难地区图根控制点相邻点间距离可缩短至表中数值的 1/2。

**3** 单基站 RTK 使用不同等级控制点设置基准站,其起算点等级、作业半径应符合表 6.3.1-1 和表 6.3.1-2 的规定,进行大地高测量作业前应使用同等级(或以上)不同控制点进行校核,大地高或使用同一高程模型转换后的正常高较差应不大于 50 mm;采用 CORS 大地高测量作业前可不进行已知点校核。

**4** RTK 平面控制测量应在流动站持续显示固定解后开始观测,测量技术要求应符合表 6.3.1-1 的规定。每组采集的时间不少于 10 s,各组数据平面点位较差小于 20 mm 时,可取其中任一组数据或平均值。

**5** RTK 大地高控制测量应在流动站持续显示固定解后开始观测,测量技术要求每点初始化次数、观测数据采集组数应符合表 6.3.1-2 的规定。每组采集的时间不少于 10 s,各组数据大地高较差小于 30 mm 时,取其平均值作为最终测量大地高成果。

**6** RTK 控制测量在同一测区布点不得少于 3 点,对所测的成果应有不少于 10%重复抽样检查且检查点数不应少于 3 点,重复抽样检查应在临近收测时或隔日进行,且应重新进行独立初始化,重复抽样采集与初次采集点位平面较差应不大于 30 mm,高程较差应不大于 50 mm。

**7** RTK 控制测量成果使用前应对每个测量成果用常规方法进行边长或角度检核,平面、高程检核技术要求应符合表 6.3.1-3、表 6.3.1-4 的规定。

表 6.3.1-3　RTK 平面控制点检核测量技术要求

| 等级 | 边长检核 | | 角度检核 | | 导线联测检核 | | 坐标检校 (mm) |
|------|----------|---|----------|---|--------------|---|------|
| | 测距中误差 (mm) | 边长较差的相对中误差 | 测角中误差 (″) | 角度较差限差 (″) | 角度闭合差 (″) | 边长相对闭合差 | |
| 一级 | ≤15 | ≤1/14 000 | ≤5 | ≤14 | ≤16√$n$ | ≤1/10 000 | ≤50 |
| 二级 | ≤15 | ≤1/7 000 | ≤8 | ≤20 | ≤24√$n$ | ≤1/6 000 | ≤50 |
| 三级 | ≤15 | ≤1/5 000 | ≤12 | ≤30 | ≤40√$n$ | ≤1/4 000 | ≤50 |
| 图根 | ≤20 | ≤1/2 500 | ≤20 | ≤60 | ≤60√$n$ | ≤1/2 000 | ≤50 |

注:$n$ 为测站数。

表 6.3.1-4　RTK 大地高测量高差检核测量技术要求

| 检测方法等级 | 图根 | |
|------|------|------|
| 检测方法 | 几何水准 | 三角高程 |
| 检测较差(mm) | ≤40√$L$ | ≤40√$S$ |

注:1　$L$ 为水准检测线路长度,以 km 为单位。小于 0.5 km 按 0.5 km 计。
　　2　$S$ 为三角高程边长,以 km 为单位。小于 0.5 km 按 0.5 km 计。

**6.3.2** 实时动态测量应符合下列规定：

**1** 测量过程中，初始化时间 RTD、RTK 超过 5 min 及 SBAS 超过 15 min，仍不能获得固定解时，应重新启动 GNSS 接收机再次进行初始化。当重新启动 3 次仍不能获得固定解时，应选择其他位置进行初始化。

**2** 动态测量作业过程中不应对基准站设置、天线位置和高度更改。

**3** RTD 动态测量应符合下列规定：

1）CORS 测量可不受起算点等级、流动站到单基准站间距离的限制，应在其有效服务区域内进行；单基站 RTD 测量流动站距基准站距离一般不超过 30 km，海滩、浅海可适当放宽。

2）RTD 测量有下列情况之一时，应使用同等级（或以上）的不同控制点或复测 2 个以上测量点进行校核：每日施工前、基站搬迁、线性工程长度超过 30 km 时、基准站或流动站内参数更新后。

3）检核点与控制点平面点位较差应小于 0.3 m，大地高较差应小于 0.6 m；检核点与原测点平面点位较差应小于 0.8 m，大地高较差应小于 1.0 m。

4）RTD 测量可采用带圆气泡的对中杆架设流动站天线进行测量，数据采集时圆气泡应稳定居中。

5）RTD 测量应在流动站数据稳定后开始观测，每点采集一组观测数据，每组采集时间不少于 5 s。

6）RTD 测量对所测的成果应有不少于 1% 重复抽样检查且检查点数不应少于 3 点，重复抽样检查应在临近收测时或隔日进行，且应重新进行独立初始化，重复抽样采集与初次采集平面点位较差应小于 0.8 m，大地高或使用同一高程模型转换后的正常高较差应小于 1.0 m。

**4** RTK 动态测量应符合下列规定：

    **1）** CORS 测量可不受起算点等级、流动站到单基准站间距离的限制，应在其有效服务区域内进行。单基站 RTK 测量流动站距基准站的距离不宜超过 10 km，浅滩、浅海区域可放宽至 20 km。

    **2）** 采用单/双基准站作业前，应使用同等级（或以上）不同控制点或复测 2 个以上测量点进行校核，平面较差应不大于 30 mm，高程较差应不大于 50 mm。

    **3）** RTK 碎部测量技术要求应符合表 6.3.2 的规定，可采用带圆气泡的对中杆架设流动站天线进行，数据采集时圆气泡应稳定居中，数据采集时应将天线高输入流动站选项中。

**表 6.3.2　GNSS RTK 碎部测量技术要求**

| 等级 | 点位中误差（mm） | 起算点等级 | 初始化次数 | 一次初始化测量次数 | 流动站到单基准站间距离（km） |
|---|---|---|---|---|---|
| 平面 | 0.1 mm×$M$ | 二级及以上 | ≥1 | ≥1 | ≤10 |
| 高程 | — | 四级及以上 | ≥1 | ≥1 | ≤10 |

注：1　CORS 测量可不受起算点等级、流动站到单基准站间距离的限制。
     2　$M$ 为测图比例尺分母。

    **4）** RTK 平面及大地高碎部测量应在流动站持续显示固定解后开始观测，每点数据采集时间不少于 5 s，连续采集 20 组数据后，应重新初始化，验证不少于 1 点的坐标和大地高，坐标互差不大于相应等级精度要求的 2 倍，大地高互差不大于 50 mm。

    **5）** RTK 大地高碎部测量用于建设工程等精度要求较高的碎部点测量时，每点应独立初始化 2 次，每次采集 2 组观测数据，每组采集的时间不少于 10 s；各组数据的大地高较差小于 30 mm 时，取其平均值作为最终测量大地高成果。

6）RTK 放样测量宜采用三角支架方式架设流动站天线进行测量,数据采集时圆气泡应稳定居中,流动站持续显示固定解后开始观测;每个放样点数据采集的时间不少于 10 s;放样点应采用几何或重复测量等方法进行外业检核,检核限差应符合放样精度要求。

7）对于低空无人机机载测量、三维激光扫描测量、水域定位测量等采用连续定位模式的测量场景应根据不同需求选用 1 Hz～10 Hz 数据更新率,作业半径宜控制在 5 km～20 km。

8）可采用三角高程或几何水准方法对 RTK 大地高碎部测量成果进行检测,较差应不大于 100 mm。

5 SBAS 动态测量应符合下列规定：

1）根据需求在有效服务区域内择用厘米级、分米级、米级的服务。

2）测前应使用同等级（或以上）不同控制点或复测 2 个以上测量点进行校核,较差应满足相应等级的测图比例精度要求。

3）SBAS 定位测量应在流动站差分信号稳定后开始观测,采样间隔不大于 5 s。

4）当 SBAS 解算不能获得固定解时,应停止作业。

**6.3.3** 后处理动态测量应符合下列规定：

**1** 根据定位精度要求择用 RTD、PPK、PPP。

**2** 当利用已有 RTK 测设的控制点时,应对平面坐标、高程进行校核,并应符合本标准表 6.3.1-3 和表 6.3.1-4 的要求。

**3** RTD 测量流动站距基准站的距离一般不超过 80 km,PPK 测量流动站距基准站的距离一般不超过 60 km。

**4** PPK 基准站应架设在已知点上,基准站及流动站天线高量取应精确至 1 mm,采样间隔宜为 1 s 至 5 s。基准站数据采集时间宜比流动站提前 5 min 开始,推迟 5 min 结束。

**5** 使用 PPK 进行平面坐标测量时,应将流动站架设到未参与转换参数计算的控制点上进行检测比对,坐标互差不应大于 50 mm。

**6** 使用 PPK 进行高程测量时,高程互差应不大于 $30\sqrt{D}$ mm,$D$ 为基准站到检查点的距离,小于 1 km 时以 1 km 计。

**7** 进行 PPP 后处理动态测量时,流动站天线高量取应精确至 1 mm,采样间隔宜采用 1 s,并保证连续可用观测时长不少于 30 min。

## 6.4 数据处理

**6.4.1** GNSS 动态测量数据处理可包括数据导入、格式转换、数据输出等内容。

**6.4.2** 动态测量数据采集结束,应及时将原始数据从采集器中导入计算机、备份存档,对需要后处理的数据进行处理,同时整理数据采集器内存。

**6.4.3** 外业测量记录及原始观测数据严禁任何删除、修改。

**6.4.4** 后处理动态测量原始观测数据预处理应包括原始数据导入、天线及坐标信息输入、导航系统选择、载波及伪距类型选择、数据格式转换、质量检查、标准数据输出等内容。

**6.4.5** 动态测量数据后处理应包括标准数据导入和坐标系统、高度截止角、采样间隔、星历类型等设置,及对流层及电离层经验模型选取、动态解滤波方式选取、成果数据输出等。PPP 后处理应采用精密卫星轨道和精密卫星钟差。

**6.4.6** GNSS 动态测量成果应包括控制点号、坐标、坐标精度、天线高及观测值相应解的类型、卫星数、PDOP、观测时间等信息。

**6.4.7** 地心三维坐标成果可通过验证后的软件进行数据处理,输出参心坐标、正常高成果。

**6.4.8** 当 RTK 测量成果的点位相对关系不满足要求时,可利用实测的边长、角度和高差对 RTK 成果进行修正。

## 6.5 质量检查与成果提交

**6.5.1** GNSS 动态测量成果的检查验收与质量评定应符合现行国家标准《测绘成果质量检查与验收》GB/T 24356、现行上海市工程建设规范《测绘成果质量检验标准》DG/TJ 08—2322 的规定。

**6.5.2** GNSS 动态测量成果应进行 100% 内业抽检和 10% 外业检查,放样测量成果应在现场相互确认完毕。

**6.5.3** 内业数据检查应包括下列主要内容:

**1** 外业观测数据记录。

**2** 输出成果内容。

**3** 采用的坐标转换或高程异常模型参数。

**4** 观测成果的精度指标、观测值及校核点的较差。

**5** 检核结果。

**6.5.4** GNSS 动态测量成果外业检核点应均匀分布于作业区的中部和边缘。平面检核点位中误差不应超过本标准表 6.3.1-3 的规定,大地高检核较差不应超过本标准表 6.3.1-4 和第 6.3.1 条第 3 款的规定。

**6.5.5** 对于成果相对独立,缺少相互间校核关系的测量控制点,外业检测可采用重测比较法。

**6.5.6** GNSS 动态测量工作结束后应进行资料整理、编目并提交。

**6.5.7** 提交的成果资料宜包括:

**1** 任务或合同书、技术设计书。

**2** 外业记录表。

**3** 外业测量数据记录文件。

**4** 单基站 GNSS 动态测量起算点成果资料。

**5** 区域坐标转换或高程异常模型相关资料及精度分析。

**6** 测量成果表。

7 控制点测量示意图。

8 测量检核、检测资料。

9 质量检查资料。

10 技术小结或总结。

11 项目要求提交的其他补充资料等。

# 7 成果转换

## 7.1 一般规定

**7.1.1** GNSS 成果转换包括数据格式转换、平面坐标转换及高程转换等。

**7.1.2** GNSS 成果数据表格式见本标准附录 J。

**7.1.3** GNSS 坐标成果转换应符合现行业标准《大地测量控制点坐标转换技术规范》CH/T 2014 的规定。公共点观测等级以及转换后各坐标分量残差应符合表 7.1.3 的规定。

表 7.1.3　坐标转换关系建立的主要技术要求

| 转换点等级 | 公共点等级 | 公共点观测方式 | 平面坐标分量残差（mm） | 大地高分量残差（mm） |
|---|---|---|---|---|
| 二等 | 二等及以上 | 静态 | ≤15 | ≤30 |
| 三等 | 三等及以上 | 静态 | ≤15 | ≤30 |
| 四等 | 四等及以上 | 静态 | ≤15 | ≤30 |
| 一级 | 一级及以上 | 静态或动态 | ≤30 | ≤50 |
| 二级 | 二级及以上 | 静态或动态 | ≤30 | ≤50 |
| 三级 | 三级及以上 | 静态或动态 | ≤30 | ≤50 |
| 图根 | 图根及以上 | 静态或动态 | ≤50 | ≤75 |
| 碎部 | 图根及以上 | 静态或动态 | ≤50 | ≤75 |

注：当建立平面坐标转换关系时，可不考虑大地高分量残差。

## 7.2 平面坐标转换

**7.2.1** GNSS 平面坐标转换一般采用空间转换模型,小面积区域可采用平面转换模型。平面坐标成果的转换应在转换模型的覆盖范围内,不应外扩。

**7.2.2** 采用 SHCORS 服务时,用户获得授权后,可以实时进行平面坐标转换,采用其他 CORS 系统测量时需建立转换关系后进行测量工作。

**7.2.3** 转换参数的计算应符合下列要求:

　　**1** 计算转换参数的公共点点位均匀分布于测区范围内及周边。

　　**2** 根据测区具体情况及工程应用需要选取合适的数学模型。

　　**3** 采用平面四参数模型计算转换参数选取的公共点应不少于 2 个,采用空间七参数模型计算转换参数选取的公共点应不少于 3 个。

　　**4** 计算转换参数的公共点观测等级、观测方式、转换后各坐标分量残差应符合本标准表 7.1.3 的规定。

**7.2.4** GNSS 大地坐标成果与高斯平面坐标采用平面四参数模型建立坐标转换关系时,可选取测区中心任意带中央子午线进行高斯投影,在高斯平面上进行旋转、平移、缩放。采用的椭球参数见本标准附录 A。

**7.2.5** 低等级控制点计算的转换参数不得用于高等级 GNSS 测量成果的转换。

**7.2.6** 采用已有的转换参数前,应在不少于 3 个已知点上进行验证,各坐标分量残差应符合本标准表 7.1.3 的规定。

**7.2.7** 涉及上海市与邻省接壤的工程建设项目,应通过联测方式求解上海 2000 坐标系与邻省平面坐标系统的转换参数。

**7.2.8** 坐标成果转换参数计算成果宜包括：

**1** 技术设计书。

**2** 控制点成果资料。

**3** 控制点各坐标分量转换残差文件。

**4** 转换参数成果表。

**5** 技术总结。

## 7.3 高程转换

**7.3.1** GNSS 正常高转换可采用似大地水准面精化成果，也可建立高程异常模型进行转换，上海地区大地高与吴淞高程转换应利用似大地水准面精化成果。对于深度基准面与高程基准面的转换关系可通过区域观测数据建立二者之间的相互转换关系。

**7.3.2** 采用 SHCORS 服务时，用户获得授权后，可以实时或者事后进行高程转换，采用其他 CORS 系统测量时需建立转换关系后进行测量工作。

**7.3.3** 在地形平坦及重力异常变化平缓地区，可利用水准测量和 GNSS 测量资料，通过数学拟合方法，获取该区域的高程异常模型。

**7.3.4** 建立高程异常模型的拟合点布设应满足下列要求：

**1** 点位均匀分布于测区范围内及周边，并适宜进行 GNSS 观测。

**2** 点间距不宜大于 5 km，计算选取的拟合点不宜少于 5 点。

**3** 收集或施测得到四等或以上水准测量成果，四等或以上 GNSS 测量成果。

**4** 选取合适的数学模型拟合。

**7.3.5** 高程异常模型中误差 $\mu$ 可按下列公式计算：

$$\mu = \sqrt{\frac{\sum V_i V_i}{n-t}} \tag{7.3.5-1}$$

$$V_i = H_i' - H_i \qquad (7.3.5-2)$$

式中：$\mu$——高程异常中误差；

$V_i$——拟合点的拟合残差；

$t$——拟合模型参数个数；

$n$——点数；

$H_i'$——拟合点、检测点的 GNSS 测量高程；

$H_i$——拟合点、检测点的正常高。

**7.3.6** 新建立高程异常模型的拟合点残差应符合本标准表 7.1.3 的规定。GNSS 正常高转换可用于四等及以下的正常高转换，GNSS 正常高转换可采用似大地水准面精化模型或建立区域高程异常模型进行转换，转换技术要求应符合表 7.3.6 的规定。

**表 7.3.6　大地高与正常高转换的主要技术要求**

| 转换等级 | 公共点大地高观测等级 | 公共点大地高观测方式 | 公共点水准观测等级 | 公共点残差（mm） | 检测点高程较差（mm） |
|---|---|---|---|---|---|
| 四等 | 四等及以上 | 静态 | 四等及以上 | ≤30 | ≤50 |
| 图根 | 图根及以上 | 静态或动态 | 图根及以上 | ≤30 | ≤50 |
| 碎部 | 碎部及以上 | 静态或动态 | 碎部及以上 | ≤50 | ≤70 |

**7.3.7** 新建立的高程异常模型应进行正常高转换检测。检测点宜均匀分布于测区范围，点数应不少于拟合点总数的 10% 且不少于 3 个，检测点高程较差应符合本标准表 7.3.6 中水准检测较差的要求。

**7.3.8** 正常高可通过 GNSS 测量的大地高减去相应位置的高程异常获得，也可通过拟合模型函数计算获得。

**7.3.9** 涉及上海市与邻省接壤的工程建设项目，应通过水准联测的方式建立两套高程系统的转换关系。

**7.3.10** 新建立高程异常模型成果宜包括：

**1** 技术设计书。

**2** GNSS 测量成果资料。

**3** 水准测量成果资料。

**4** 拟合数学模型与拟合点残差。

**5** 高程异常模型。

**6** 技术总结。

# 附录 A 椭球的基本几何参数

表 A 椭球的基本几何参数

| 参数名称 \ 坐标系 | 2000 国家大地坐标系 | 1984 世界大地坐标系 | 1980 西安坐标系 | 1954 年北京坐标系 |
|---|---|---|---|---|
| 长半轴 $a$ (m) | 6 378 137 | 6 378 137 | 6 378 140 | 6 378 245 |
| 短半轴 $b$ (m) | 6 356 752.314 1 | 6 356 752.314 2 | 6 356 755.288 2 | 6 356 863.018 8 |
| 扁率 $\alpha$ | 1/298.257 222 101 | 1/298.257 223 563 | 1/298.257 | 1/298.3 |
| 第一偏心率平方 $e^2$ | 0.006 694 380 022 90 | 0.006 694 379 990 141 3 | 0.006 694 384 999 59 | 0.006 693 421 622 966 |
| 第二偏心率平方 $e'^2$ | 0.006 739 496 775 48 | 0.006 739 496 742 276 4 | 0.006 739 501 819 47 | 0.006 738 525 414 683 |

# 附录 B　GNSS 基准站参数设置表

**表 B　GNSS 基准站参数设置表**

| 项目内容　站点名称 | | | | |
|---|---|---|---|---|
| 接收机型号 | | | | |
| 天线型号 | | | | |
| 接收机输出端口 | | | | |
| 虚拟 IP 地址 | | | | |
| 路由器地址 | | | | |
| 物业联系人员 | | | | |
| 设置者 | | | | |
| 设置日期 | | | | |
| 修改者 | | | | |

# 附录 C GNSS 网络基准站维护记录表

## 表 C GNSS 网络基准站维护记录表

站点名称:

| 预警来源及时间 | 问题记录及处理情况描述 | 故障排除时间 | 处理者 |
|---|---|---|---|
| | | | |
| | | | |
| | | | |
| | | | |
| | | | |
| | | | |
| | | | |
| | | | |
| | | | |
| | | | |
| | | | |
| | | | |
| | | | |
| | | | |
| | | | |
| | | | |

# 附录 D GNSS 网络基准站巡视记录表

表 D GNSS 网络基准站巡视记录表

| 站点名称 | 接收机 | 路由器 | 电源 | 卫生工作 | 巡视者 | 巡视日期 |
|---|---|---|---|---|---|---|
| | | | | | | |
| | | | | | | |
| | | | | | | |
| | | | | | | |
| | | | | | | |
| | | | | | | |
| | | | | | | |
| | | | | | | |
| | | | | | | |
| | | | | | | |
| | | | | | | |
| | | | | | | |
| | | | | | | |
| | | | | | | |
| | | | | | | |
| | | | | | | |
| | | | | | | |

# 附录 E GNSS 控制中心维护记录表

表 E GNSS 控制中心维护记录表

| 时间 | 情况描述及处置措施 | 故障排除时间 | 处理者 |
|------|-------------------|-------------|--------|
|      |                   |             |        |
|      |                   |             |        |
|      |                   |             |        |
|      |                   |             |        |
|      |                   |             |        |
|      |                   |             |        |
|      |                   |             |        |
|      |                   |             |        |
|      |                   |             |        |
|      |                   |             |        |
|      |                   |             |        |
|      |                   |             |        |
|      |                   |             |        |
|      |                   |             |        |
|      |                   |             |        |

# 附录 F　GNSS 控制点标志规格

F.0.1　GNSS 控制点的标志规格宜符合图 F.0.1-1、图 F.0.1-2 和图 F.0.1-3 的规定。

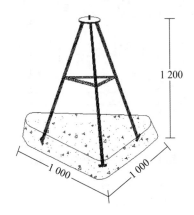

**图 F.0.1-1　永久性三脚架强制归心标志(mm)**

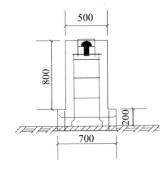

**图 F.0.1-2　永久性砼圆柱强制归心标志(mm)**

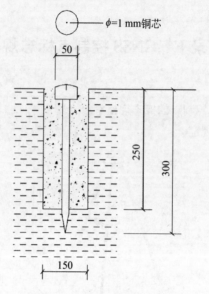

图 F. 0. 1-3　临时性标志(mm)

# 附录 G　GNSS 控制网点之记

## 表 G　GNSS 控制网点之记

平面等级＿＿＿＿＿＿　　　高程等级＿＿＿＿＿＿　　　

| 标别 | 点名 | 原点名 | 标志类型 | 标志质料 | 保护设施 | 概略位置 | |
|---|---|---|---|---|---|---|---|
| 平面 | | | | | | 纵坐标 | |
| 高程 | | | | | | 横坐标 | |
| 坐标系统 | | | | | | | |
| 所在地 | | | | | | | |

| 点位略图 | 点位照片 |
|---|---|
| | |
| 点位说明 | 远景照片 |
| | |
| 埋设者 | 绘图者 |
| 埋设日期 | 绘图日期 |

# 附录 H GNSS 测量观测手簿

## 表 H GNSS 测量观测手簿

| 项目 | | | | | |
|---|---|---|---|---|---|
| 点号 | | | 点名 | | |
| 观测时段序号 | | | 观测起止北京时间 | 开机： | |
| | | | | 关机： | |
| 天线高直斜 | 测前 | m | 对中方式 | 光　学： | |
| | 测中 | m | | 垂　球： | |
| | 测后 | m | | 强制归心： | |
| 同步观测点　号 | | | 仪器编号 | | |
| | | | 天线编号 | | |
| 异常情况记录： | | | | | |

观测者：＿＿＿＿＿　　　　　　　日期：＿＿＿年＿＿月＿＿日

# 附录 J GNSS 测量成果表

## 表 J GNSS 测量成果表

平面坐标系：　　　　高程系：　　　　大地坐标系：　　　　　　共＿＿页　第＿＿页

| 点名 | 纵坐标<br>（m） | 横坐标<br>（m） | 正常高<br>（m） | 大地纬度<br>（°.′″） | 大地经度<br>（°.′″） | 大地高<br>（m） |
|---|---|---|---|---|---|---|
| 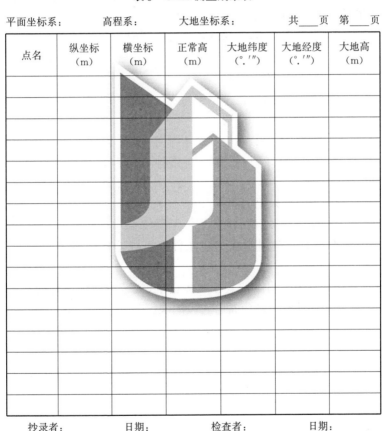 | | | | | | |
| | | | | | | |
| | | | | | | |
| | | | | | | |
| | | | | | | |
| | | | | | | |
| | | | | | | |
| | | | | | | |
| | | | | | | |
| | | | | | | |
| | | | | | | |
| | | | | | | |
| | | | | | | |
| | | | | | | |
| | | | | | | |
| | | | | | | |

抄录者：　　　　　　日期：　　　　　　检查者：　　　　　　日期：

复查者：　　　　　　日期：

# 本标准用词说明

1　为便于在执行本标准条文时区别对待,对要求严格程度不同的用词说明如下:

1)表示很严格,非这样做不可的用词:

正面词采用"必须";

反面词采用"严禁"。

2)表示严格,在正常情况均应这样做的用词:

正面词采用"应";

反面词采用"不应"或"不得"。

3)表示允许稍有选择,在条件许可时首先应这样做的用词:

正面词采用"宜";

反面词采用"不宜"。

4)表示有选择,在一定条件下可以这样做的用词,采用"可"。

2　条文中指明应按其他有关标准、规范或规定执行的写法为"应按……执行"或"应符合……的规定"。

# 引用标准名录

1 《电子设备雷击试验方法》GB/T 3482
2 《信息安全技术 网络安全等级保护基本要求》GB/T 22239
3 《测绘成果质量检查与验收》GB/T 24356
4 《全球导航卫星系统连续运行基准站网技术规范》GB/T 28588
5 《卫星导航定位基准站网测试技术规范》GB/T 39615
6 《建筑物防雷设计规范》GB 50057
7 《测绘技术总结编写规定》CH/T 1001
8 《测绘技术设计规定》CH/T 1004
9 《测绘作业人员安全规范》CH 1016
10 《全球定位系统实时动态测量（RTK）技术规范》CH/T 2009
11 《大地测量控制点坐标转换技术规范》CH/T 2014
12 《全球定位系统(GPS)测量型接收机检定规程》CH 8016
13 《卫星定位城市测量技术标准》CJJ/T 73
14 《测绘成果质量检验标准》DG/TJ 08—2322

# 标准上一版编制单位及人员信息

DG/TJ 08—2121—2013

主 编 单 位：上海市测绘院

上海市城市建设设计研究总院

参 编 单 位：同济大学

上海岩土工程勘察设计研究院有限公司

主要起草人：邹俊平　季善标　郭容寰　余美乂　丁　美

王解先　褚平进　郭春生　李海涛　邓　斌

杨欢庆　余祖锋

主要审查人：沈云中　张晓沪　许新苗　顾顺隆　万　军

顾建祥　王智燏　赵　峰

上海市工程建设规范

卫星定位测量技术标准

DG/TJ 08—2121—2024
J 12362—2024

条 文 说 明

2024 上海

# 目　次

# Contents

# 1 总 则

**1.0.1** 本条阐明了制定本标准的目的。进入 21 世纪,随着全球导航卫星定位系统的发展成熟,目前我国北斗三号卫星系统已经组网成功并发布服务,导航卫星系统将进入一个新的阶段。

首先,用户将面临多个系统(BDS-GPS-GLONASS-GALILEO-QZSS)近百颗导航卫星同时并存、互相兼容的局面,而它们的民用部分也将呈现彼此补充、共享的势态。其次,用户将面临多系统导航卫星信号的组合、选用和最优化问题。因此,国家和行业关于卫星测量的一些相关技术规范或标准相继制定发布或进行了重新修订。由于这些规范的制定是以全国和整个行业的通用、适宜为原则,在有些方面很难完全满足上海这样特大城市的更高要求,而上海地方性规范亟须进一步修改以面临新的挑战,鉴于上述原因,有必要结合上海的实际情况修编《卫星定位测量技术规范》,以使其更好地适用并服务于上海的城市发展与经济建设需要,统一上海地区的卫星测量应用标准,提升卫星定位应用水平,推动上海地理信息产业的信息化进程。

就测量领域而言,由 GNSS 动态测量到网络差分更是扩大了其应用面。所谓网络差分技术,其实就是利用基准站的数据尽可能准确地模拟或消除用户站处的定位误差,从而提高用户的实时定位精度,因而该技术迅速在我国得到广泛地推广。我国已建立或正在建立全国性的和覆盖各个省市的网络差分服务系统。上海于2021 年完成了上海市 GNSS 连续运行基准站系统(SHCORS)兼容北斗三号的升级改造,卫星实时定位差分技术也已在上海城市建设的各行各业得到广泛应用。

上海作为国内经济、科技的领军城市,随着信息化建设速度的加快,上海的各个行业必须为应对城市规划、建设方面提出的更高要求积极做好筹谋。近年来实践表明,制定卫星定位技术的规范标准变得尤为重要,特别是在统一本市卫星定位技术在城市测量中的应用,加快推进我市信息化建设与应用,及时为城市规划、设计、施工建设和管理提供规范、标准统一、准确、适时、可靠的空间信息,保障城市规划和建设工作的正确实施发挥积极的作用。

**1.0.2** 本条规定了本标准的适用范围。随着卫星定位技术的发展,该技术必将应用于人们生活的方方面面。然而,面向大众的卫星定位位置服务因其精度要求较低,有别于测绘专业领域的高精度定位测量,本标准不予规定。对本条中未提及的其他专业领域,根据其定位精度要求,需采用静态或动态进行厘米级、毫米级或亚毫米级卫星定位测量的,可参照本标准执行。

**1.0.3** 本条规定了本标准的精度衡量原则。测量工作通常采用最小二乘法求得的观测值改正数来计算中误差。中误差是衡量观测精度的一种数字标准,中误差的大小反映了该组观测值精度的高低。

**1.0.4** 本条规定了本标准对卫星定位测量采用新技术、新方法、新仪器的适用原则。本标准是上海市地方标准,直接为上海各专业提供服务与技术支撑。本标准与现行国家及行业标准紧密相关,故本条规定,在本市开展卫星定位测量除应符合本标准外,还应符合国家、行业及本市现行有关标准的规定。

# 2  术语、符号和缩略语

　　本章主要对本标准中使用的术语、符号和缩略语进行了说明,以便于理解和使用。本章各条术语和定义描述仅限于本标准涉及内容。

　　术语和符号主要按照卫星定位测量的特点、技术发展以及上海的实际应用进行相关的定义,如"SHCORS""上海 2000 坐标系"和"吴淞高程系"等。

# 3 基本规定

## 3.1 空间基准

**3.1.1** 本条阐述了本市开展 GNSS 测量所采用的坐标系。坐标系是描述和测定空间或地面点位置及其运动状态的基准,同一点的位置及其运动状态在不同的坐标系中,它所表示的结果是不同的。GNSS 测量所面临的四大导航定位系统,其坐标系均有一定差异。卫星定位系统的坐标为三维空间坐标系,当需要对 GNSS 测量成果开展应用时,需要将其转换成高斯平面坐标或正常高。上海地区采用上海 2000 坐标系和吴淞高程系。

平面系统方面,2021 年上海市规划和自然资源局组织了上海 2000 坐标系的建设工作,新建立的基于 CGCS2000 坐标系下的上海市 GNSS 控制网,由 10 个上海市 GNSS 连续运行基准站作为上海市 GNSS 框架网、38 点(GNSS 大地控制点 11 个、上海市城市二等点 12 个、上海市 GNSS C 级点 13 个、江苏省 GNSS C 级点 1 个、浙江省 GNSS C 级点 1 个)作为上海市 GNSS 首级控制网构成。

高程系统方面,上海经过 1871 年至 1900 年的长期水文观测及水准观测,在 1900 年前后设置了吴淞零点,1921 年在张华浜建立了张华浜基点。1922 年确定采用此点为长江流域所使用的吴淞高程基准的起始点。由于张华浜基点的稳定性问题,1922 年 6 月在松江佘山半山坡天主堂(现中山纪念堂)右侧天然岩石坚壁上建立了佘山水准基点。后该点遭到多次破坏,经过 1956—1963 年 8 次引测,上海市城建局测量总队(现上海市测绘院)重新推算了佘山水准基点新的平均高程。此后,上海和苏南地区部分水准测量高程皆以此为准。1965年，国家测绘总局在施测宁沪一等水准时，又在佘山北坡植物园内另行埋设佘山新基点，联测得佘山原基点与新基点高差，后经修正确定佘山新基点高程，并以此作为上海吴淞高程系统原点，并与长江流域其他吴淞高程系在起算基准上存在差异。

上海2000坐标系可与2000国家大地坐标系相互转换，吴淞高程系可与1985国家高程基准相互转换。

**3.1.2** 本条规定了不同坐标系的采用原则。我国在20世纪50—70年代的20余年中，完成了全国天文大地网施测和局部平差，建立了1954年北京坐标系，同时完成全国一期一等水准网，建立了1956国家高程基准。从20世纪70年代后期至90年代末，完成了天文大地网的整体平差，建立了1980西安坐标系（或新1954年北京坐标系）。在高程基准方面，完成了全国二期一等和二等水准网的施测和计算，建成了1985国家高程基准。当前，我国大部分地区还沿用参心坐标系，为了便于不同的实际应用，在本标准附录A中列出了各个坐标系椭球的基本几何参数供使用。2000国家大地坐标系（CGCS2000）已发布启用，并与目前国际上通用的国际地球参考框架（ITRF）保持一致，是我国现代测绘基准体系的基础框架。

**3.1.3** 本条规定了因特殊需要采用工程坐标系的要求。控制网要求根据控制点坐标反算的边长与实际测量的边长尽可能相符，也就是要求控制网边长归算到投影面的高程归化和高斯正形投影的距离改化总和（即长度变形）限制在2.5 cm/km的数值内，才能满足城市1∶500比例尺测图和市政工程施工放样的需要。上海2000坐标系能满足上海绝大部分区域的变形要求，然而对于某些精度要求较高的特殊工程，如磁悬浮、轨道交通等，需要建立相对独立的工程坐标系统，本条规定了建立此类工程坐标系统时采用的投影方法和投影面确定的原则。

## 3.2 时间系统

**3.2.1** 本条规定了 GNSS 测量原始观测值应采用相应导航卫星系统的系统时间，方便进行记录；在进行数据处理时，对于静态测量、动态测量等，应采用统一的时间基准开展数据处理工作。

## 3.3 仪器设备

**3.3.1** GNSS 测量的仪器设备应按规定定期进行检定或校准，周期宜为 1 年。

**3.3.2** 本条所指的维修是指 GNSS 主机的维修，在检验合格有效期的 GNSS 测量仪器设备，若进行不影响观测精度的设备附件维修，如电源维修、基座维修、网络通信维修等可不再进行计量检验。

# 4 连续运行基准站系统建设及维护

## 4.1 一般规定

**4.1.1** 本条阐述了连续运行基准站系统的构成,包括利用现代计算机、数据通信和互联网技术组成的网络,实时地通过互联网向不同类型、不同需求、不同层次的用户自动地提供经过检验的不同类型的 GNSS 观测值(载波相位和伪距),各种改正数、状态信息以及其他有关 GNSS 服务项目的系统。

**4.1.2** 本条规定了基准站系统数据的存储、传输、使用的过程中需要满足的法律法规要求。基准站数据包括静态观测数据成果和坐标成果,其对于国家安全具有重要意义,因此在使用过程中需要严格按照《测绘地理信息管理工作国家秘密范围的规定》(自然资发〔2020〕95 号)的保密管理规定要求执行。

**4.1.3** 随着长三角一体化工作的推进,沪苏浙皖测绘行政主管部门积极探索基准站系统互联互通机制,为用户提供更好的服务。因此,在基准站系统建设过程中,综合考虑兼容性、必要性,避免重复建设,充分利用已有资源,提高系统利用效率,为长三角一体化乃至全国一张网建设提供支撑。

## 4.2 基准站网技术设计

**4.2.1** 连续运行基准站网建设前需要收集资料和现场踏勘,从而能够确定拟建设站点的具体情况,判断选定地址是否符合建站条件,以及未来规划是否对拟选定地址有影响。基准站点承载着区域的基准框架维持,建成后应长期保存并使用。

**4.2.2** 本条规定了基准站网的布设按实时定位服务精度需要满足的基准站网距离要求。

**4.2.3** 本条阐述了基准站点选址要求，主要是为了避免对路径效应的影响，同时考虑站点的稳定性及良好的观测环境，从而能够获取高质量的观测数据并将数据稳定传输回数据中心经过处理为用户提供服务。

**4.2.4** 本条主要为了实现基准站点的沉降监测以及作为高精度的控制点能够为大地水准面精化模型等提供数据支撑。

**4.2.5** 本条阐述基准站接收机的相应指标，其中应"具有同时跟踪单星座不少于 6 颗全球导航定位卫星信号的能力"，主要考虑接收卫星信号的冗余，避免单系统卫星出现故障或数据质量差的情况。

## 4.3　基准站系统建设

**4.3.2~4.3.5** 基准站站点选址应具备良好的稳定性、观测条件以及电力、网络保障，应根据不同环境建设符合要求的观测墩类型，本条规定了基准站观测墩基建应符合的要求。为保障基准站顺利运行并提供稳定可靠的服务，根据现有标准规定，基准站必须具备防雷、防火、远程监控、报警等安全防护设施，以在基准站遭受雷击、火灾等险情下具有一定的防护能力。

**4.3.6~4.3.8** 根据基准站网数据管理系统安全的基本技术要求，各类基准站的路由器、网络交换机以及防火墙等硬件设备均应通过安全认证，且符合国家计算机信息系统安全的要求，并要求建设电涌防护和安全防控系统。

　　卫星导航定位基准站的连续运行保障包括基准站运行外部工作防护、网络保障、维护和制度等方面。制定基准站网运行维护和安全管理制度、消防安全预案是基准站网系统管理和应急处置的重要基础，该规定是卫星导航定位基准站网系统连续运行的重要保障。

为确保卫星导航定位基准站系统的各项服务及其后端系统的连续、可靠地安全运行，同时配置网络防火墙、网闸、安全审计等软硬件安全防护设施是连续运行的基本网络安全保障。

## 4.4　系统测试与验收

**4.4.1**　基准站系统建设完成后，应针对等保等级、精度、可用性、网络性能、数据完整性、并发数、初始化时间、兼容性等方面进行测试。本条规定了系统测试应包含的内容。系统测试成果满足规定要求后方可组织验收。

**4.4.2**　本条规定了基准站系统建设完成应满足"两级检查、一级验收"的要求。项目管理单位需组织具有相应资质的单位进行验收，如当地的测绘产品质量监督检验站。

## 4.5　成果提交

**4.5.1**　本条阐述了连续运行基准站网系统建设完成后应进行资料整理，并提交相应纸质和电子成果资料。

**4.5.2**　本条规定了提交的成果资料应包括的内容。其中，基准站精确坐标、基准站网原始观测数据都是列为涉及国家秘密的事项，项目完成后，必然存在国家秘密的产生，故应按照国家秘密的管理要求对涉密数据进行保管、提供和使用。

## 4.6　系统维护

**4.6.1**　基准站软硬件维护主要包括参数配置、应急处置、定期巡检、天线检测、电源检测、网络检测、防雷检测等内容，本条阐述了需要维护的基本要求。

卫星导航定位基准站的连续运行保障包括基准站运行外部工作防护、网络保障、维护和制度等方面。强制性要求每半年应至少进行一次基准站网及其附属设施的安全巡检和观测环境维护,作为基本保障条件。同时,基准站点外部环境的变化可能引起观测遮挡,相关设备连续带电运行,GNSS接收机设备、防雷、防火等保障设施也可能出现线路老化,安全巡检可以确保全系统处于良性状态。

**4.6.2**　本条阐述了数据中心软硬件维护主要包括设备定期检修、数据容量冗余设置、服务器与防火墙更新、RTK软件更新试运行、数据保存要求、数据备份要求等内容。

**4.6.3**　本条阐述了网络维护主要包括通信网络定期巡检、适时调整带宽、防火墙定期升级、实时监控运行状态等内容。按计划实施的日常运维工作能够保障系统服务质量,同时能够在出现故障预警后及时予以处置。

### 4.7　系统产品和服务

**4.7.1、4.7.2**　卫星导航定位基准站所有的服务都基于地球坐标参考系,地球坐标参考系的定义即原点、坐标轴指向等参数在不断升级更新,并且地球坐标参考系的实现地球坐标参考框架也在不断地更新,如ITRF系列、IGS系列等。同时,相同的地球坐标参考框架由于地球表面板块的缓慢移动、基准站随着一起移动坐标值同样会发生变化,并考虑地表的沉降等因素,因此基准站位置是在不断移动的,基准站的坐标值也是会不断变化的。为了保持基准站坐标的准确,应定期监测基准变化,间隔时间不超过1年。

　　卫星导航定位基准站高精度服务产品参考现行国家标准《全球导航卫星系统连续运行基准站网技术规范》GB/T 28588的相关技术参数和国内外提供服务的产品主流精度指标,见表1。

表 1　不同定位方式的精度指标(单位:m)

| 定位方式 | 内符合精度 | | 外符合精度 | |
|---|---|---|---|---|
| | 平面 | 高程 | 平面 | 高程 |
| 伪距差分 | ≤0.3 | ≤0.5 | ≤0.5 | ≤1 |
| 载波相位差分 | ≤0.03 | ≤0.05 | ≤0.05 | ≤0.1 |

注:数据格式应支持 RTCM 协议,数据流接口协议应支持 NTRIP 协议。

**4.7.3**　本条阐述了用户管理主要用户账户申请、用户操作日志、静态数据调取等内容。

# 5 静态测量

## 5.1 一般规定

**5.1.1** 本条规定了 GNSS 静态测量的应用范围。静态测量是对 2 台以上 GNSS 接收机设站同步观测（不同等级控制网观测时段长度满足本标准第 5.4.3 条的要求）采集的观测信息，采用后处理软件进行基线解算实现相对定位。相对于动态测量，静态测量对观测时段长度和基线精度指标进行了控制，明确规定了观测基线构成闭合图形或附合于已知点的边的数量，在复测基线长度较差、附合或闭合线路闭合差、无约束平差和约束平差中基线向量改正数方面进行了规定。因此，GNSS 静态测量的控制网精度、可靠性得到了保证。目前，GNSS 静态测量技术应用于布设 GNSS 控制网、建立高程异常模型、基准站建设、工程变形测量等诸多测量领域，成为现代测量技术中不可或缺的一环。

**5.1.2** 精密单点定位是利用全球若干地面跟踪站的 GNSS 观测数据计算出的精密卫星轨道和卫星钟差，对单台 GNSS 接收机所采集的载波相位和伪距观测值进行定位解算，可在全球范围内的任意位置实现 2 mm～4 mm 级的高精度定位，在远海等特殊环境中弥补起算依据不足的问题。

**5.1.3** 本条规定了 GNSS 控制网的布设原则。相对于传统的三角网、边角网，GNSS 技术的发展，大大减少了城市控制网测量的时间和人力、物力投入，精度均匀性较传统网有明显提高，加密 GNSS 网可逐级布网、越级布网或布设同级网。为了使城市控制网有一个精度统一、均匀及使用方便的控制网，城市首级控制网应一次布设完成，点位密度应能满足一般建设发展的需要，不宜再进行全面的控制网加密。因城市规模扩大,可将首级控制网进行局部扩展;在首级控制网的基础上根据需要进行次级网加密。布设 GNSS 网点时应充分利用满足布网要求的已有的控制点标石,利用这些标石不仅可以降低造价、保证稳定性,还可以与原有的测量成果进行比较。

**5.1.4** 本条规定了相邻基线长度中误差计算公式。相邻点的基线长度中误差公式中的固定误差和比例误差虽与 GNSS 仪器厂家给出的精度公式中的含义相似,但这两个公式是两种类型的精度计算公式,应用上各有其特点。本条中的公式主要以相邻点的平均距离为参数计算,应用于控制网的设计和外业观测数据的检核。

**5.1.5** 本条规定了 GNSS 静态测量进行控制网布设的分级标准。该分级标准考虑了平面控制网向三维控制网的转变,是一个 GNSS 三维控制网的分级标准。若采用 GNSS 静态测量进行大地高的 GNSS 高程控制网布设,亦采用相同的分级标准。若想进一步得到正常高,则还需要满足高程转换中的其他相关要求。考虑上海城市建设的特点,表 5.1.5 中各等级平均边长虽与现行行业标准《城市测量规范》CJJ/T 8 的相应等级控制网平均边长一致,但在注中增加了"工程控制网边长可不受边长限制,但必须满足精度设计要求"的说明,体现了 GNSS 控制网布设的灵活性。各等级均未对边长绝对中误差提出要求,只对于小于 200 m 的边长提出了小于 2 cm 的要求。各等级的观测方法基本相同,技术要求有差异,故允许越级布网。在进行数据处理时,可以先处理首级网,然后把首级网作为固定点,对次级网进行处理,也可将两级网联合进行处理,但最终处理结果等级只能达到次级网的精度。目前,上海市 GNSS 连续运行基准站系统(SHCORS)是上海城市坐标框架的基础,其等级优于二等,GNSS 加密控制网精度主要为三等和四等。

**5.1.6** 基于 GNSS 控制网的特点,要确定其尺度关系和旋转角关系至少需要 2 个已知点，这 2 个已知点可只有平面坐标，也可同时具备三维坐标，只需在数据处理时分别固定平面或高程即可达到不同的处理结果。有时为确定联测点的可靠性，常常需要联测 2 个或以上的此类点，可根据测区情况酌情选择，不做强制规定。

5.1.7　GNSS 观测可能受到外界因素影响而产生粗差或各种随机误差，此类误差在同步环中尤为明显。本条要求由独立基线向量构成闭合环或附合线路，并对各等级异步环或附合线路的边数进行了规定。结合本标准表 5.1.5 可对 GNSS 观测成果进行评价，以保证 GNSS 测量成果的可靠性。

5.1.8　本条规定了 GNSS 控制网测量中误差的计算公式。GNSS 控制网外业观测精度的评定，按照异步环或附合线路的实际闭合差进行统计计算。这里采用全中误差的计算方法来衡量控制网的实际观测精度，网的全中误差不应超过基线长度中误差的理论值。结合本标准第 5.1.5 条，可实现对 GNSS 控制网是否满足相应等级控制网基线精度要求的评定。

## 5.2　技术设计

5.2.1　GNSS 静态测量对于一个测绘项目来说，是首先开展的一项核心工作，因此在项目实施前开展技术设计是十分必要的。本条规定了在技术设计时应执行的技术依据。

5.2.2　现行行业标准《测绘技术设计规定》CH/T 1004 将"策划"作为测绘项目技术设计重点开展的工作之一，并明确应由单位或部门总工程师或技术负责人负责策划。因此，本条对该项工作进行了明确。

5.2.3

　　1　本标准表 5.1.5 是 GNSS 静态测量的最核心技术指标，在编制技术设计时，应首先确定精度指标。

**2** 住房和城乡建设部于 2021 年 9 月 8 日公布了全文强条的现行国家标准《工程测量通用规范》GB 55018—2021,其第 3.1.3 条中规定了"平面控制网投影长度变形值不应大于 25 mm/km"。因此,本款对技术设计中的投影变形内容进行了要求。

**3** 近年来,上海市的一些特大型工程,特别是越江超长隧道的建设的实践表明,控制网优化和精度估算是非常必要的,故本款也对这部分工作进行了规定。

**5.2.4** 现行行业标准《测绘技术设计规定》CH/T 1004 将测绘技术设计划分为"策划、设计输入、设计输出、设计评审、验证(必要时)、审批和更改"6 个过程,本条针对 GNSS 静态测量的特点对其技术设计中的 6 项核心工作提出了具体要求。

### 5.3 选点与造标

**5.3.1** 本条所列资料不是必须的,是为图上选点和后续控制网优化收集的基础资料。GNSS 控制网的选点不受通视等要求的限制,但考虑到后续的利用,应注意相邻点之间的通视问题,同时,点位的可靠性、交通的便利性也需考虑。

**5.3.2** GNSS 控制点点位选择时应考虑强磁场对卫星信号的干扰和多路径效应的影响。工程控制网还应考虑常规全站仪对GNSS 测量成果的应用,保证至少有一个通视方向。卫星高度角的限制主要是为了减弱对流层对定位精度的影响。随着卫星高度的降低,对流层影响愈显著,测量误差随之增大,故卫星高度角一般都规定大于 15°。

**5.3.3** 为利于数据成果的共享,成果代号直观、突出,GNSS 控制点点名一般应体现观测方法(如第一字母为"G")、观测等级(如前两个字母为等级"G4")、控制点序号(如完整控制点点名为"G4001")等。

**5.3.4** 四等以上 GNSS 控制点应埋设永久测量标志,考虑到常规全站仪的使用,宜采用强制对中装置。同时,考虑 GNSS 控制测量的灵活性与经济性,一级以下控制点可设置临时控制点,但应点位稳定,测量对中标识清楚、唯一。随着应用的发展,GNSS控制点应逐步具备平面和高程的三维控制点特征,在埋设测量标志时应重点给予考虑。

## 5.4 数据采集

**5.4.2** 利用双频或多频技术可以建立较为严密的电离层修正模型,通过改正计算,可以消除或减弱电离层折射对观测量的影响,从而获得很好的精度。对一般的 GNSS 控制网,单频接收机即能满足精度要求。

**5.4.3**

(1) 研究成果表明,随着卫星高度的降低,GNSS 信号接收机的信噪比将随之减小,有较多机会获得较小的三维位置的PDOP,延长最佳观测时间。但是对流层影响愈显著,测量误差随之越大。因此,卫星高度角一般规定在大于 15°。

(2) 导航卫星系统的不断完善、基线解算算法的不断改进,使在更短时间内得到固定解基线成为可能。同时,中国的北斗卫星导航系统(BDS)、美国 GPS、俄罗斯 GLONASS 和欧盟GALILEO 等导航卫星系统同时提供服务,大大改善了天空的卫星分布,在任何地点、任何时间基本上都可同时观测到 5 颗以上卫星。

(3) 根据目前数据处理软件的情况,为了达到相应等级的定位精度和整周未知数的求解,需要足够的数据量,即要求在测点上观测时间段具有一定的长度。通过大量的经验验证,本标准本次修订了一、二级控制点时间段的观测时间,减少为 30 min。规定中所列观测时段长度是留有一定的余地。

(4) 采集高质量的载波相位观测值是解决周跳问题的根本途

径。而适当增加其采集密度，又是诊断和修复周跳的重要措施。因此，规定中将采样间隔缩短至 10 s。当接收机有较高的内部采样率，且功能较强有助周跳处理时，可将采样间隔放宽至 30 s。

（5）PDOP 为三维位置几何图形强度因子，简称图形强度因子，它的大小与观测卫星高度角的大小以及观测卫星在空间的几何分布变化有关。观测卫星高度角越小，分布范围越大，其 PDOP 越小。综合其他因素的影响，当卫星高度角规定在大于 15°时，选取 PDOP 小于 6 为宜，可提高定位精度。

（6）为了增强对 GNSS 基线向量观测值的检查，规定二、三等 GNSS 点平均重复设站数不得小于 2，而对精度要求较低、点的密度较大的四等或四等以下的 GNSS 测量，要求每个点的重复站数应不小于 1.6；当使用的 GNSS 接收机只有 3 台时，每点的重复站数更大一些，其数据质量还可通过同步闭合环和异步闭合环等条件进行评定，从而达到既提高生产效率，又保证数据质量的目的。这里应当说明的是，重复设站数的规定，就整个 GNSS 网而言它是一个平均数。对某个测点来讲，则可能设站 1 次或 2 次不等。

**5.4.4**

**1**　GNSS 高程测量要优先选用测区已有的区域似大地水准面模型和高程异常模型，该模型因已经过应用检验，可以认为是可靠的。对于新建立的高程异常模型，需要对其进行精度评估。

**2**　城市似大地水准面模型的建立应综合利用重力资料、地形资料、重力场模型与 GNSS 水准成果，采用物理大地测量理论与方法，应用移去-恢复技术确定区域性精密似大地水准面。本款规定 GNSS 高程测量代替四等及以上水准测量时，其使用的高程异常模型也应是可靠的、精度最好的，因此规定了利用 GNSS 高程测量来代替四等及以水准测量时，应使用精度较好的已有城市似大地水准面模型。

**3**　对于小区域的 GNSS 高程测量，一般是与 GNSS 平面控制测量同时布设、施测，根据区域情况和工程特点，控制点中测设部分 GNSS 水准点,通过数学拟合的方法获得高程异常模型,再利用模型计算其他控制点的高程,该高程异常模型可以应用于后续的 GNSS 高程测量中。同时,在测设的 GNSS 水准点中,预留出部分检验点,进行模型的精度评定。

4 区域高程异常模型建立时均设定有一定的覆盖范围。采用高程异常模型进行 GNSS 高程测量时,应确保 GNSS 点完全分布在高程异常模型区域范围以内,进行内插计算,不能外推,以确保 GNSS 高程点的精度。

**5.4.5** 进行 GNSS 接收机通电检查是为了让接收机自动搜索并锁定卫星,并对机内的广播星历进行更替,同时也是为了使机内的电子元件运转稳定。

**5.4.6** 关于天线安置对中误差和天线高量取的规定,主要是为了减少人为误差对测量精度的影响。本条只提供了量取天线高的限差要求,由于当前 GNSS 接收机天线类型多样化,天线高量取部位各不相同,观测前应明确了解接收机天线的相位中心位置和量取部位的关系,正确量取天线高并在观测用簿、基线解算软件中设置。GNSS 观测自动化程度高,但观测员仍应在观测前掌握设备各信号灯的信息显示,注意查看观测过程中的卫星状况、存储情况、电源工作情况等,严格执行各项操作或人工记录规定,及时发现异常情况并采取相应措施,避免返工;观测过程中应注意仪器安全、数据安全。

## 5.5 数据处理

**5.5.2** RINEX(Receiver Independent Exchange Format,与接收机无关的交换格式)是 GNSS 测量应用中普遍采用的标准数据格式。一般基线解算软件均支持 RINEX 格式原始观测数据的读入,多种不同型号的设备同步观测并进行联合解算时应转换成 RINEX 标准格式文件。

**5.5.3** 本条规定了不同等级 GNSS 控制网所采用的处理软件。为提高二等网的整体精度,确保二等长基线的相对定位精度和尺度标准的准确性,尽可能地剔出各种误差源的影响,二等 GNSS 控制网应采用高精度解算软件和精度星历进行解算。其他等级 GNSS 网可采用随机软件、广播星历进行处理。多基线解算模式和单基线解算模式的主要区别是,前者顾及了同步图形中独立基线之间的误差相关性,后者没有顾及。大多数商业化软件基线解算只提供单基线解算模式,在精度上也能满足 GNSS 工程控制网的要求。因此,规定两种解算模型都是可以采用的。由于基线长度的不同,观测时间长短和获得的数据量将不同,所以解算整周模糊度的能力不同。能获得全部模糊度参数整数解的结果,称为双差固定解;只能获得双差模糊度参数实数解的结果,称为双差浮点解。基于对 GNSS 控制网质量和可靠性的要求,规定基线解算结果宜采用双差固定解。

**5.5.4** 数据剔除率是评价平差剔除的不合格观测量占总观测量的比例,20% 是一个经验值。重复测量的基线称为复测基线,其长度较差按照误差传播率确定,并取 2 倍中误差作为复测基线的限差。由同步观测基线组成的闭合环称为同步环。理论同步环的坐标分量闭合差应为零,不存在规定其闭合差限差的依据,但在实际上,同步环中各条基线单独解算时,基线间不能做到完全严格同步。由独立基线组成的闭合环称为异步环。在有误差的前提下,异步环闭合差不可能为零,异步环闭合差是衡量 GNSS 网精度的主要指标,异步环中各基线看成彼此独立,因而以误差传播律导出此公式,并取 2 倍中误差作为异步环闭合差的限差。因此,应对同一处理数学模型的单基线解产生的同步环进行检验。对于采用不同数学模型的单基线解按异步环闭合差要求进行检验。

**5.5.7** 无约束平差可以评价 GNSS 网的内符合精度,评价 GNSS 网中有无含粗差的基线,无约束平差后应输出地心三维坐标、基线向量及改正数、精度信息。无约束平差起算点坐标可选用控制点单点定位结果或已知控制点的三维坐标。基线分量改正数绝对值限差的提出,是为了对基线观测量进行粗差检验。即基线向量各坐标分量改正数的绝对值,不应超过相应等级的基线长度中误差的 3 倍。超限时,认为该基线或邻近基线含有粗差。

**5.5.8** 约束平差是以国家或地方坐标系的某些控制点的坐标、边长和方位角作为约束条件进行平差计算。必要时,还应顾及GNSS 网与地面网之间的转换参数。对已知条件的约束,可采用强制约束,也可采用加权约束。强制约束,是指所有已知条件均作为固定值参与平差计算,不需顾及起算数据的误差。加权约束,是指顾及所有或部分已知约束数据的起始误差,按其不同的精度加权约束,并在平差时进行适当的修正。因此,约束平差改正数受起算点的内部符合程序影响,计算前应保证起算数据的可靠性。约束平差可以以三维方式进行,也可进行二维约束平差。当已知条件较多时,应选取不同的起算条件作为计算依据,其他已知条件作为检核,若检核超限,应分析原因并重新计算。当需要获取准确的大地高数据时,应选择至少一个已知三维空间坐标进行三维约束平差,并选取正确的椭球参数。当仅采用一个三维已知坐标时,即同时利用 GNSS 基线向量包含的尺度和方位信息作为约束。

**5.5.10** 精密单点定位数据处理中应采用无电离层延迟观测组合以及 IGS 提供的高精度卫星轨道、卫星钟差和地球自转参数(EOP)。除此之外,要细致考虑各种改正,包括相位缠绕、卫星和接收机天线相位中心改正、地球自转改正、固体潮汐和海洋潮汐改正。

## 5.6 质量检查与成果提交

**5.6.1~5.6.3,5.6.7** 执行现行国家标准《测绘成果质量检查与验收》GB/T 24356 和现行上海市工程建设规范《测绘成果质量检验标准》DG/TJ 08—2322 的要求。

**5.6.4** GNSS 测量从数据接收、数据处理至成果输出,自动化程度较高,技术总结对作业过程描述应全面、详细,按工艺流程为质量检查提供数据、资料。

**5.6.5,5.6.6** 规定了 GNSS 静态测量成果的内、外业质量检查的内容和比例;根据 GNSS 控制网测量的特点,设计了质量检查点,质量检查不可能全部重复作业过程,成果质量主要依靠严格按规范、技术设计进行生产,质量检查是通过审核、比对、外业检测等方法检查 GNSS 静态测量成果是否符合技术设计和规范的要求,检查只是一种质量保证的手段。

**5.6.8** GNSS 测量成果是需要长期保存的测绘数据,是成果使用者追溯的唯一依据,测量完成后应对所有相关资料进行整理、上交并及时归档。

# 6 动态测量

## 6.1 一般规定

**6.1.1** 目前,在陆域、水域及新型测量场景(如三维激光扫描、低空无人机载测量、实景三维测量等)中,多采用 GNSS 动态测量作为定位方式。因此,本条规定了动态测量的适用范围。

**6.1.2** GNSS 动态测量分为动态绝对定位和动态相对定位两种方式。动态绝对定位的多余观测量少、时间短,且受到卫星轨道误差、钟差以及信号传播的误差等多种误差的影响,故动态绝对定位精度较低,远不能满足大地测量要求。大地测量中常用动态相对定位,本标准第6章所述动态测量均指动态相对定位。基准站同步观测数据或根据基准站已知坐标得出修正量,通过数据通信链传输给运动的接收机,这种定位模式称为实时动态测量。基准站与流动站之间不使用数据通信链实时传输数据,而是采取对基准站和流动站所采集的数据进行处理,以求得流动站的位置,称为后处理动态测量。

实时动态测量根据基准站提供的差分数据类型不同,可以分为位置差分、码伪距差分(RTD)和相位差分(RTK)。位置差分是基准站直接发送位置差分量给用户,用户将差分量直接加在本地计算出来的定位结果上。位置差分技术虽然简单、易于实现,但要求移动站与基准站必须共视同组卫星,因此增强效果有限,已很少使用。码伪距差分,基准站发送的是各颗卫星码伪距观测值差分量,用户收到数据后可以直接修正本地伪距观测值,进而完成用户位置计算。码伪距差分技术可以显著提高定位精度,在交通运输业得到广泛使用,如我国的沿海无线电指向标差分系统

(RBN-DGNSS)。相位差分,基准站发送的是载波相位观测修正量,处理方法与码伪距差分类似。与码伪距差分相比,相位差分的定位精度很高,可以达到厘米甚至毫米级,在大地测量、建筑物变形监测等领域大量应用。

定位精度是卫星导航系统的重要指标之一,也是大多数用户最关注的问题,为此人们研究和开发了多种精度增强技术(差分技术),实现对原有卫星导航系统定位精度的改进。卫星导航系统单点定位方式精度低,无法满足测量需求,为了提高定位精度,解决更大范围的高精定位需求,通过在地面建立固定的基准站(CORS 站)来获取卫星定位测量时的误差,进而将卫星定位坐标与自身精确坐标对比后的"改正数"结果发送给接收机,这就是地基增强系统(GBAS)。该系统采用的是 RTK 双差定位原理,目前基于地基增强系统的较为成熟的技术有网络 RTK 和 PPP-RTK。为了弥补地基增强系统的不足,解决因地域限制而出现通信能力限制的问题,出现了星基增强系统(SBAS),它是通过地球静止轨道卫星搭载卫星导航增强信号转发器,可向用户播发星历误差、卫星钟差、电离层延迟等多种修正信息,实现对于原有卫星导航系统定位精度的改进。星基增强系统采用的是 PPP 定位原理,通过修正从天上卫星到地面接收机的所有误差来提高定位精度,最终达到厘米级定位。地基增强系统改变了传统 RTK 测量作业方式,用户在测量时不需要架设基准站,可以单机作业,并且扩大了工作范围,提高了工作效率等。而星基增强系统的出现弥补了地基增强系统的不足,在沙漠、海域等难以建立地面基站或者通信信号不足的地方,星基增强系统能为用户提供高精度定位服务,上海地区更多用于海上定位测量。

**6.1.3** 区域坐标转换模型和高程异常模型在建立时均设定有一定覆盖范围。GNSS 动态测量时需将获取的大地坐标和大地高转换为需要的平面坐标和正常高,一般应在坐标转换模型和高程异常模型区域范围以内进行测量,不能外推,以确保 GNSS 动态测量的精度;特殊情况下可适当外拓,但应注意外拓范围内测量精度应满足要求。

相比常规 RTK 技术,CORS 只要在基准站网覆盖范围内,网路信号正常时都可进行测量,且能保证定位精度。此外,CORS 定位精度均匀、可靠性高,用户无需架设基准站。因此 GNSS 动态测量应优先选用 CORS。CORS 在建设时设计了网络的有效覆盖区域,用户应在该区域内作业。若在有效覆盖区域外作业,可能得不到固定解,即使得到固定解,结果的精度和可靠性也无法得到保证。

6.1.4 动态测量精度很大程度上受到流动站和基准站的共视卫星分布状况的影响。为保证流动站和基准站收到足够多的卫星信号,单基准站 RTK 测量时,基准站要选择在空旷平地或者地势高处。当接收到多个导航卫星系统的数据进行动态测量时,需要进行多系统 GNSS 数据联合处理,目前多系统时空基准统一、多系统周跳探测、GNSS 系统间载波相位差分、模糊度解算等问题还没有彻底解决,主要的 GNSS 设备厂商提供的网络或单基准站多系统综合数据差分处理软件还不成熟。因此,本条规定要有一个主要进行定位的卫星系统,其卫星状况要符合本标准表 6.1.4 的规定。

6.1.5 GNSS 动态测量精度受各种因素制约,初始化中各种误差以及数据链传输过程中外界环境、电磁波干扰产生的误差的影响,可能导致整周模糊度解算不可靠。同时,RTK 测设点间相互独立,与传统测量强调的相邻点间相对关系有着根本的区别。为满足常规测量对控制点几何关系的要求,制定本条规定。

## 6.2 技术设计

6.2.1 本条规定测前应收集测区相关资料,必要时需现场踏勘。GNSS 动态测量受测区自然地理和测站周边环境影响较大,应用受到很大限制。要根据测区情况,合理设计 GNSS 动态测量应用的深度和广度,并辅以其他技术手段完成任务。

**6.2.2** 技术设计书的编写应据测区实际情况,据相关标准进行,充分利用收集到的相关测绘成果。技术路线选择应科学、实用,根据项目情况争取有所创新,还要顾及当前技术发展水平和实施单位技术装备和生产能力,制定合理可行的作业方案。

**6.2.3** 单基站采用电台通信时,基站差分信号传播距离与 UHF 电台天线架设高度强相关。UHF 电台天线高与作业距离服从公式: $D = 4.12 \times (\sqrt{H_1} + \sqrt{H_2})$ 。式中, $H_1$ 和 $H_2$ 分别为基准站和流动站电台天线高(m); $D$ 为数据链的覆盖范围半径(km)。该公式是在无障碍物遮挡和无电波干扰理想条件下的覆盖范围,实际应用应根据测区大小设置发射天线高度,考虑到定位精度要求,在城市内测量流动站与基准站间的距离一般不超过 10 km[参照行业标准《全球定位系统实时动态测量(RTK)技术规范》CH/T 2009—2010 第 6.2 节]。

**6.2.4** 本条规定了 GNSS 测量对接收卫星系统的选择。北斗卫星导航系统(BDS)是我国自主研发的卫星定位系统,从系统对国土覆盖率和可靠性考虑,都优于 GPS、GLONASS 和 GALILEO 系统。目前的 GNSS 接收机都能接收多系统卫星定位信息,在进行测量时,要根据作业区域和项目情况,选择单系统或多系统 GNSS 观测量。

## 6.3 数据采集

**6.3.1** RTK 控制测量应符合下列规定:

**1~2** 根据 GNSS 控制测量精度要求和 RTK 测量特点,本标准对 RTK 平高控制测量等级进行了划分。

为确保各等级控制点相对精度,规定了最小边长限制。根据城市测绘特点,对于通视困难地区,对相邻点间距离可缩短至表中数值的 2/3,但应使用常规方法检测边长,使二者之间的边长较差不大于 20 mm,以满足常规测量对控制点几何条件的要求。针对单基站 RTK 特点,单基站 RTK 测量误差空间相关性随基准站和流动站距离增加而逐渐失去线性,因此在较长距离下(单频＞10 km,双频＞30 km),经过差分处理后的用户数据仍然含有很大观测误差。为保证各等级精度,本标准对可进行单基站 RTK 测量等级所采用的起算点等级和作业半径进行了限制。表 6.3.1-1 和表 6.3.1-2 中"一次初始化测量次数"指 RTK 测量中初始化完成锁定后点位数据测量的次数。"初始化次数"指完成"一次初始化测量"的数量。随着 GNSS 设备的发展,上述规定比较容易实现,且对实际生产干扰较小。同时鉴于碎部测量的特性,故上述两项指标均取≥2,以保证生产效率。

考虑 RTK 测量点间具有独立性、大地高精度、高程异常模型的一般精度,结合实际经验,故本标准规定 RTK 大地高控制测量最高等级为图根级。若要进行大地高和正常高的转换,还需满足本标准第 7 章中关于高程异常模型建立和应用的相关要求。同样,针对单基站 RTK 特点,本标准限定了采用单基站 RTK 进行大地高测量所采用起算点等级和作业半径。

**3** 静态 GNSS 控制网测量可以通过基线精度、重复基线差及环闭合差等对成果进行检验;单基站 RTK 测量每个测设点都是相互独立的,点与点之间没有直接关系,只与架设基准站的已知点密切相关,对于因意外产生的粗差无法发现。因此,为提高单基站 RTK 测量的可靠性,保证仪器各种设置正确,测量过程中应选择一定数量已知坐标点进行测量校核,以检查设备可靠性以及已知点准确性。

**4** 平面点位较差指平面坐标重合差。基于 RTK 测量的独立性,且统计试验 RTK 测量平面点位中误差优于±30 mm,坐标分量优于±21 mm,故本款规定当坐标较差小于±20 mm 时,可取其中任一组数据或平均值作为最终成果。

**6** 本款重复抽样检查指实施平面测量的作业人员采用相同

方法对已完成的测量点位进行检查。大量研究表明,RTK 测量作业成果的可靠性只有 $95\%\sim99\%$,所以在 RTK 测量作业过程中不可避免地存在着粗差,需通过事后剔除来提高可靠性。小型项目重复抽样应在所有平面测量完成后进行,大型项目重复抽样应在抽样前进行专项设计。抽样点应均匀分布测区,涵盖测区边缘点。依据现行行业标准《城市测量规范》CJJ/T 8 中检测限差可在原精度要求上放宽 $\sqrt{2}$ 倍的规定,按照统计试验 RTK 测量的平面点位中误差优于 $\pm30$ mm,所以点位检核较差放大 $\sqrt{2}$ 倍后即为 $\pm43$ mm,即平面点位较差不得大于 $\pm30$ mm。

**7** 重复抽样不能替代常规方法或 GNSS 静态(快速静态)联测等手段进行的几何关系、相邻关系的检测。本款规定了采用常规方法进行边长或角度检核的技术要求。鉴于常规方法的多样性和目前仪器设备精度几乎均高于 5″,只对检测方法的测距中误差进行限定,角度检核采用 5″以上仪器。采用常规方法进行边长或角度检核通常在完成 RTK 测量后或在控制点使用前进行。为确保大地高测量精度,对每个测量成果采用相对成熟的几何水准或三角高程等方法进行高差检核可为选取合适的拟合模型提供支持,故本款作出上述规定。图根高程控制须考虑下一级高程测量的需要,为稳妥起见,本标准表 6.3.1-4 几何水准检测限差按图根水准闭合差或附合差,三角高程检测限差参照现行行业标准《城市测量规范》CJJ/T 8。

**6.3.2** 实时动态测量应符合下列规定:

**1** RTK、RTD 解算通过无线通信链路获取差分数据,通信条件较差或者存在未知干扰源,将导致测量初始化困难。有时这种影响是短时间的,经过重新启动 GNSS 接收机,可能会恢复正常;当重新启动 3 次仍不能获得固定解时,应选择其他位置进行测量以提高工作效率。

**3** 根据 RTD 测量精度和应用领域特点,规定了 RTD 测量流动站与基准站的距离。在进行大量常规 RTD 观测并统计分析后获得本款所采用的各项限差值。数据稳定是指接收差分改正数稳定、观测结果收敛或者波动范围较小的状态，此状态下观测可靠性较高。

    **4**   RTK 动态测量应符合下列规定：

        **1）**目前 CORS 系统服务区域外测量精度和可靠性无法得到保证，因此须在 CORS 系统有效服务区域内进行。根据 RTK 测量精度和应用领域特点，规定了 RTK 测量流动站与基准站的距离。

        **4）**由于 RTK 浮点解定位精度无法满足常规测量的要求，故规定测量应在流动站持续显示固定解后开始。本项所指坐标互差是指北方向和东方向坐标分量平方和的平方根之差。考虑水上测量效率和精度要求，采用 RTK 进行水上平面碎部测量时可不受限制。

        **5）**本项所指用于建设工程等精度要求较高的碎部点测量，可通过适当增加观测时间、增加独立初始化次数等提高大地高的精度。

        **6）**放样检核限差需根据工程项目的具体要求或依据现行行业标准《城市测量规范》CJJ/T 8 中相关规定。

        **7）**对连续定位模式的测量场景，连续性、高质量的定位数据必不可少，故规定了较高的采样频率和作业半径。根据相关文献及实际使用经验，根据不同工程项目的实际要求规定了不同场景下的数据更新率和作业半径。

    **5**   根据定位精度要求，可选用 SBAS 系统服务商提供的不同定位精度等级服务。但因其服务区域外测量精度和可靠性无法得到保证，因此规定须在 SBAS 系统有效服务区域内。

**6.3.3**  后处理动态测量应符合下列规定：

    **3**   PPK 定位技术虽然相对 RTK 技术提高了作业距离，不再受无线电传播距离的影响，但仍受局域差分误差的局限，定位误差随作业距离增大而增大。考虑到作业距离和精度要求，故对流动站距基准站的距离进行了限制。

**7** PPP 测量时需要精确地计算出整周模糊度,根据现有技术能力只有保证不少于 30 min 的连续可用静态测量数据才能计算出。同时考虑到 PPP 技术多应用在车、船、无人机等具有一定速度的载体上,为保证定位数据的连续性和质量及尽可能多地获取数据,故采样间隔宜采用 1 s。

## 6.4 数据处理

**6.4.2** GNSS 动态测量原始观测数据要求归档保存,其记录采用的内存有限,且作为电子介质,受损的因素较多,故要求观测数据及时下载和备份。

**6.4.3** 原始观测数据备份严禁修改和删除,是为了保持观测数据真实状况。

**6.4.4** PPP、PPK 等需要后处理的数据,首先导入预处理软件,输入准确的天线类型、天线高,对数据进行预处理。对于采集了多系统多频率数据的原始数据,选取必要的卫星系统、载波、伪距信息,去除冗余的数据;对采用不同仪器设备采集的数据,除需要统一转换至相应版本的 RINEX 标准格式外,还应对原始数据质量的信噪比、多路径等进行分析,以清除不佳的观测时段或观测卫星数据。

**6.4.5** 导入经预处理的 RINEX 标准数据,设置 WGS84(GPS)、CGCS2000(BDS)等基准;为屏蔽近地面干扰,需设置高度截止角滤除近地面低质量数据;根据成果应用需求,设置采样间隔对高频率采样数据可消除冗余计算;为更好地计算电离层和对流层延迟带来的影响,可选取已有适用的经验模型;动态计算过程中,为提升数据处理结果的可靠性,建议采用兼顾向前滤波和向后滤波的组合滤波方式。PPP 数据处理因为不再依赖于直接的差分数据和拘泥于距离的限制,对卫星轨道的精度和卫星钟差的精度要求较高,所以本条建议使用 IGS 等机构发布的高精度最终精密星历和钟差文件。

**6.4.6** 本条是对观测结果进行质量检验作出的规定。通过输出规定的内容,可全面了解 GNSS 动态测量时的各种信息,便于测量成果取舍。

**6.4.7** 可通过参数转化或高程异常模型改正等方式进行数据处理,所使用的软件在使用前应进行已知点验证,所使用高程异常模型在使用前应根据已知点进行可用性验证。

**6.4.8** 用常规仪器检验 RTK 测量点相互之间边长、角度、高差的关系,校核其对应的几何条件,并对检核点的平面坐标进行精度统计,对需要修正的数据进行修正。

## 6.5 质量检查与成果提交

**6.5.2** 考虑到放样测量具有极高的时效性要求,其成果检查由作业人员在放样现场相互确认的过程等同于 100% 检查,须在现场检查确认完毕。另由于 GNSS 动态测量时,点位观测坐标和高程可能会出现厘米级或分米级的波动,GNSS 动态成果的 95% ～ 99% 置信区间,不排除存在粗差的可能性,故作出 100% 的内业检查和 10% 外业抽检规定。

**6.5.4** 外业检核点应均匀分布于测区的中部和边缘,以保证测量成果的可靠性。常用检核方法有:

(1)已知点比较法:用 RTD、RTK 测出已知控制点的坐标进行比较检核,发现问题立即采取相应措施予以改正。

(2)重测比较法:每次初始化成功后,先重测部分已测过的 RTD、RTK 测量点,确认无误后可进行 RTD、RTK 测量。

(3)常规测量方法:用常规仪器对 RTD、RTK 测量的点进行边长、角度、高差检核,使其满足相应几何条件,并对检核点的平面坐标进行精度统计。

精度评定检测点(边)数量少于 20 时,以误差的算术平均值代替中误差;大于 20 时,按公式(1)和公式(2)计算中误差。

(1)同等级精度检核中误差 $m_{cs}$ 按公式(1)执行。

$$m_{cs} = \pm \sqrt{\frac{\sum \Delta S_{ci}^2}{2n_c}} \tag{1}$$

(2)高等级精度检核中误差 $m_{cs}$ 按公式(2)执行。

$$m_{cs} = \pm \sqrt{\frac{\sum \Delta S_{ci}^2}{n_c}} \tag{2}$$

式中:$m_{cs}$ ——中误差;

$\Delta S_{ci}$ ——平面坐标(边)较差或大地高较差;

$n_c$ ——检核点总数。

(3)高精度检测时,在允许中误差 2 倍以内(含 2 倍)的误差值均应参与精度评定计算,超过允许中误差 2 倍的误差视为粗差。同精度检测时,在允许中误差 $2\sqrt{2}$ 倍以内(含 $2\sqrt{2}$ 倍)的误差值均应参与精度评定计算,超过允许中误差 $2\sqrt{2}$ 倍的误差视为粗差。

**6.5.7** 提交的各项成果资料应据项目特性确定,本条只规定基本内容,可根据实际情况增减。

# 7 成果转换

## 7.1 一般规定

**7.1.1** 本条界定了本标准所指的 GNSS 成果转换包含的内容。无论采用何种导航卫星定位系统，GNSS 测量所获得的测量成果都是基于地心的，可表示为大地经纬度与大地高，同时，由于所采用 GNSS 接收机设备的差异性，不同 GNSS 接收机输出的 GNSS 成果在数据格式等方面还存在一定差异。因此，为促进 GNSS 成果的共享，同时将 GNSS 测量的大地经纬度和大地高转换成一般工程项目中使用的高斯平面坐标和正常高，本章将就 GNSS 成果数据格式转换、坐标成果转换（大地经纬度到高斯平面）、正常高转换（大地高到正常高）的内容进行规定。其余的 GNSS 成果转换，本章不涉及。

## 7.2 平面坐标转换

**7.2.1** 小面积区域一般指不大于 10 km×10 km 的区域。

**7.2.3** 本条规定了转换参数的计算过程和技术要求。对于转换参数的计算，平面四参数模型控制点不少于 2 个，空间七参数模型控制点不少于 3 个，采用最小二乘法求取转换参数。

适用于较小区域的平面四参数模型，在转换过程中将丢弃大地高成果，不利于大地高与正常高的转换；适用于较大区域的空间七参数转换模型，是一个三维的转换模型，可保持 GNSS 测量的大地高成果，然而由于目前大多控制网点的已知成果大地高的精度都较低，所以空间七参数模型也主要应用于平面坐标的转换。理论证明,转换点大地高的准确性对空间七参数转换模型的平面坐标的转换精度的影响很小,可不需要考虑。一般来说,我们求取转换参数主要分为三步:第一步根据等级要求和观测条件限制,通过观测或收集资料获取转换点的源坐标和目标坐标;第二步选取坐标转换模型并求取参数;第三步计算转换参数和转换点各坐标分量残差,同时对转换参数进行验证。

**7.2.4** 在进行高斯投影时,需要特别注意大地坐标成果与椭球的对应关系。在满足控制网边长归算到投影面的高程归化和高斯正形投影的距离改化总和(即长度变形)限制在 2.5 cm/km 的要求下,可选择任意带中央子午线进行高斯投影,一般建议采用通过测区中央的经线作为中央子午线。

**7.2.5** 本条规定了低等级的控制点计算的转换参数不能越级使用于高等级的 GNSS 测量成果的转换。

## 7.3  高程转换

**7.3.1** 高程系统中最常用的有正高系统(以大地水准面作为参考基准面)和正常高系统(以似大地水准面为参考基准面),我国使用的高程系统是正常高系统。采用 GNSS 测量测定地面点的高程是以地心坐标的地球椭球面为基准的大地高 $H$,大地水准面和似大地水准面相对于地球椭球面有一个高度差,分别称为大地水准面差距 $N$ 和高程异常 $\zeta$。大地高 $H$、正高 $H_g$ 和正常高 $H_r$ 之间存在以下高程关系:

$$H = H_g + N \tag{3}$$

$$H = H_r + \zeta \tag{4}$$

如果能够比较精确地确定地面点的高程异常,则可利用上述公式由大地高精确计算地面点的正常高。确定地面点高程异常的方法主要有大地水准面模型法、重力测量法、区域几何内插法、转换参数法等。上海地区正常高的转换可采用上海市似大地水准面精化成果,也可建立高程异常模型进行转换。

上海市似大地水准面精化成果($2'\times2'$格网数据),为上海市发改委项目"智慧城市测绘地理信息基础建设项目"成果的一部分,成果范围:上海市行政区陆域范围,精度达$\pm0.007$ m。

陆地高程与海洋深度都需要固定的起算面,这里统称这些垂直坐标的参考面为垂直基准,垂直基准包括高程基准和水深基准。在测量实践中,陆地高程的起算面通常取为某一特定验潮站长期观测水位的平均值——长期平均海面,即定义该面的高程为零。

海洋测量中常采用深度基准面。深度基准面是海洋测量中的深度起算面。不同的国家和地区及不同的用途采用不同的深度基准面。就实际测量而言,高程基准与深度基准并不统一。

深度基准:是海洋深度测量和海图上图载水深的基本依据。我国目前采用的深度基准因海区不同而有所不同。中国海区从1956年采用理论最低潮面(即理论深度基准面)作为深度基准。内河、湖泊采用最低水位、平均低水位或设计水位作为深度基准。

高程基准:是建立高程系统和测量空间点高程的基本依据。我国目前采用的高程基准为1985国家高程基准。1985年国家高程基准已于1987年5月开始启用,1956年黄海高程系同时废止。1985年国家高程基准高程=1956年黄海高程$-0.029$ m。

高程基准和深度基准转换主要通过以下方式建立转换关系:

第一步,陆地高程与海洋深度都需要固定的起算面,这里统称这些垂直坐标的参考面为垂直基准,垂直基准包括高程基准和大地高向正高(正常高)转换:结合均匀分布的 GPS 水准点,采用多项式拟合方法构造大地水准面模型。第二步,正高或正常高向海图高转换,深度基准面的分布以验潮站为基点,在布设长期验潮站时,可通过水准联测法得到验潮零点的正高或正常高 $H_0$,$H_\mathrm{L}=H_0+MSL_0-L$。式中,$MSL_0$ 为平均海平面以验潮零点为起算基准，*L* 为深度基准面值，它是相对于 *MSL* 以下。第三步，大地高直接向海图高转换：在无验潮模式下水下地形测量中，求出深度基准面的大地高，从而将水底地形的大地高直接转换为海图高。

**7.3.3**　本条规定了可通过数学拟合方法建立高程异常模型。GNSS 高程异常数学拟合方法主要包括曲线拟合和曲面拟合。GNSS 高程控制网布设成线状或带状时，可采用曲线拟合，曲线拟合法可包括多项式曲线拟合、三次样条曲线拟合和 Akima 拟合；测区面积小、地形较为平坦、重力梯度分布平缓时，高程异常模型可采用曲面拟合，曲面拟合法可分平面拟合法、多项式曲面拟合法、多面函数拟合法等。

**7.3.4**　本条规定了建立高程异常模型的技术要求。参与计算的拟合点均要求四等或以上等级的 GNSS 测量和水准成果。区域高程异常模型均有一定的覆盖范围。拟合高程异常模型时应确保拟合点分布均匀并覆盖整个测区，在进行正常高转换时只需进行内插计算，不能外推，以确保 GNSS 高程点精度。

**7.3.5**　GNSS 高程拟合的各种模型都各有其优势与缺陷，有一定的适用范围，且不同拟合模型可能对高程异常模型的影响差异较大，关键在于模型函数能否最佳地表达出整个区域的高程异常变化。因此，新建立的 GNSS 高程异常模型应进行模型的精度评定。一般来说，只有检测点大于 20 个时才具有统计意义，才能较好地检验高程异常模型的实际精度。

**7.3.6**　本条规定了正常高转换的技术要求。本条所指的高程异常模型主要是未考虑重力模型的数学拟合的高程异常模型。似大地水准面精化模型与一般高程异常模型最大的区别就是考虑了重力场的影响。鉴于目前的技术水平，GNSS 正常高转换（大地高转换正常高）只可用于四等及以下的正常高转换，并且对转换前的大地高精度、模型精度、正常高精度以及最终的水准检测精度都作了详细规定。

**7.3.7** 本条规定了新建立的高程异常模型应进行转换检测,明确检测点宜均匀分布于测区范围,点数应不少于拟合点总数的 10% 且不少于 3 个,同时检测点高程较差需满足本标准表 7.3.6 规定的要求。

**7.3.10** 本条规定了新建立高程异常模型成果资料宜包括的内容。